Samia ARAAR
Fadila Khaldi
Sarra SAYAH

Toxicidade dos adubos em ratos

Samia ARAAR
Fadila Khaldi
Sarra SAYAH

Toxicidade dos adubos em ratos

Avaliação dos efeitos tóxicos de um adubo azotado, o nitrato de cálcio, nos ratos brancos

ScienciaScripts

Imprint

Cover image: www.ingimage.com

This book is a translation from the original published under ISBN 978-620-6-72609-8.

Publisher:
Sciencia Scripts
is a trademark of
Dodo Books Indian Ocean Ltd. and OmniScriptum S.R.L publishing group

120 High Road, East Finchley, London, N2 9ED, United Kingdom
Str. Armeneasca 28/1, office 1, Chisinau MD-2012, Republic of Moldova, Europe
Managing Directors: Ieva Konstantinova, Victoria Ursu
info@omniscriptum.com

Printed at: see last page
ISBN: 978-620-8-52145-5

Índice

INTRODUÇÃO GERAL

A procura global de alimentos continuará a crescer nas próximas décadas, com desafios concomitantes para o abastecimento agrícola sustentável (Conijn et *al.*, 2018; Gouel & Guimbard, 2019). A resposta imediata a esta procura crescente de produção alimentar é a utilização intensiva de agroquímicos, que incluem maioritariamente fertilizantes e pesticidas (Carvalho, 2006). Para além disso, a agricultura intensiva, orientada para a produtividade e para o rendimento máximo, desenvolveu-se consideravelmente e desenvolveu também a utilização massiva factores de produção (fertilizantes e pesticidas) (Shah & Wu, 2019).

Os adubos são todos os materiais fertilizantes dispersos na superfície do solo e destinados a fornecer às plantas os elementos necessários à formação dos seus tecidos (Testud, 2004). São misturas de produtos químicos que contêm um ou vários dos três nutrientes de base (azoto, fósforo e potássio) necessários para estimular o crescimento das plantas e a produção agrícola (EFMA 1997). São também uma fonte de nutrientes secundários, incluindo o enxofre (Hemalatha et *al.*, 2013; Lavanya et *al.*, 2019). Os fertilizantes utilizados nos sistemas de produção agrícola incluem os fertilizantes minerais (ureia, nitrato de amónio, sulfatos e fosfatos) e os fertilizantes orgânicos (estrume animal, biossólidos e compostos). Os fertilizantes minerais são principalmente sais de nitrato, amónio, fosfato e potássio (Aoun et *al.*, 2010).

Os fertilizantes são amplamente utilizados na agricultura como uma fonte rápida e barata de nutrientes para as plantas, levando a um aumento significativo da produtividade das culturas (Ahmad et *al.*, 2017). Frequentemente, duplicam ou triplicam os rendimentos (Sanginga & Woomer, 2009), além de desempenharem um papel fundamental na melhoria da produtividade das culturas e da fertilidade do solo, tendo a sua utilização aumentado consideravelmente em todo o mundo desde a Revolução Verde (FAO, 2017; Mylona *et al.*, 2018). A utilização de fertilizantes minerais é, desde há muito, uma ferramenta essencial para compensar as perdas de nutrientes e, assim, aumentar os rendimentos (Amanullah et *al.*,2016; Wang et *al.*, 2020; Liu et *al.* ,2021) e registou um aumento significativo da sua utilização em todo o mundo (Amanullah *et al.*,2016; Wang et *al.*, 2020). Estima-se que 30-50% dos rendimentos agrícolas em diferentes partes do mundo são atribuídos a fertilizantes comerciais sintéticos (Gupta et *al.*, 2014; Yousaf et *al.*,2017). No entanto, a utilização maciça fertilizantes inorgânicos agricultura em todo o mundo para garantir a segurança alimentar global conduziu a numerosos problemas de saúde e a uma poluição ambiental irreversível (Kumar & Prakash, 2019). Esta utilização endurece o solo, reduz a sua fertilidade, polui o ar, a água e o solo e esgota importantes nutrientes e minerais do solo, pondo assim em perigo o ambiente (Pahalvi et *al.*, 2022). Estes fertilizantes são intrinsecamente persistentes na natureza e podem deteriorar a qualidade do solo, as comunidades microbianas do solo que mantêm os vários ciclos de nutrientes e a utilidade das águas subterrâneas para vários fins (Hossain et *al.* 2022).

Como os seres vivos dependem do solo e da água para sua sobrevivência, eles também estão expostos aos riscos à saúde associados a esses agroquímicos (Hossain et *al.* 2022). Nas últimas décadas, a utilização de fertilizantes e pesticidas aumentou a exposição dos agricultores, dos trabalhadores agrícolas e da população em geral a estes produtos químicos (Sharma & Singhvi, 2017). Os nitratos, os fosfatos e os sais de potássio, principais componentes dos adubos minerais, são substâncias não lipofílicas e não penetram significativamente por via percutânea no ambiente profissional. Por via oral, estes elementos são absorvidos rapidamente e de forma significativa no duodeno e intestino delgado proximal. No caso dos fosfatos, 70 a 90% da dose ingerida é absorvida (Testud, 2011).

Foram registadas intoxicações acidentais com adubos inorgânicos que resultaram em morte e em vários estados patológicos numa variedade de animais, incluindo bovinos (Horner 1982; Caldow & Wain 1991; Yeruham et *al.* 1997; Campagnolo et al. 2002), ovinos e caprinos (East 1993; Campagnolo et *al.* 2002) e aves (Ley 1986; Raidal & Jaensch, 2006). Foram também registados casos de intoxicação aguda por fertilizantes em seres humanos, que resultaram em insuficiência renal aguda, hipercaliemia e metahemoglobinemia (Sato et *al.* 1999; Haung & Lin, 2004). Em alguns estudos de toxicidade de dose repetida em que foram administradas baixas percentagens de fertilizantes inorgânicos a ratos albinos água de beber, observadas anemia, leucopenia, lesões hepáticas e renais e efeitos reprodutivos adversos (Ihedioha & Idika 2007 a e b).

Vários estudos epidemiológicos relataram que a exposição profissional a níveis mais elevados de nitrato nos trabalhadores pode levar a um aumento da carga corporal de nitrato e nitrito na saliva (Moller, 1995). Além disso, o risco de exposição crónica dos trabalhadores a fertilizantes no ambiente profissional pode ter efeitos na fertilidade

(Mallem et *al.*, 2015). O objetivo do nosso estudo é realizar um estudo experimental sobre os efeitos tóxicos de um adubo químico azotado utilizado na agricultura e, em particular, determinar os efeitos de doses crescentes de nitrato de cálcio administradas por gavagem em certos parâmetros relacionados com as funções hepática e renal, e comparar as alterações em certos parâmetros hematológicos, bioquímicos e histológicos em ratos após a administração do adubo.

1. FERTILIZANTES MINERAIS

1.1 Informações gerais sobre os fertilizantes

A existência de terras agrícolas férteis é essencial para manter condições óptimas de produtividade que permitam satisfazer as necessidades alimentares da população mundial em crescimento. A gestão da saúde dos solos é necessária para garantir uma produção agrícola sustentável e a manutenção da biodiversidade. A agricultura moderna depende principalmente de vários factores de produção, como os pesticidas e os fertilizantes químicos. Os fertilizantes químicos são essenciais para criar as condições adequadas para uma agricultura intensiva e eficiente e têm sido utilizados desde a antiguidade, quando o azoto proveniente de excrementos de animais e humanos, o fosfato proveniente de ossos e o potássio proveniente de cinzas eram adicionados ao solo a título experimental. Durante milhares de anos, os egípcios utilizaram o lodo abundante transportado Nilo para enriquecer e proteger o solo. Com aparecimento da indústria do carvão e da petroquímica no XIX, surgiram os adubos sintéticos, seguidos três elementos principais (azoto, fósforo e potássio). Os adubos são substâncias capazes de penetrar no todo ou em parte de uma planta e favorecer o seu crescimento. Trata-se de combinações de minerais que têm por objetivo fornecer às plantas os nutrientes suplementares necessários ao seu crescimento (Testaud, 2015). São mais frequentemente incorporados no solo, mas também podem ser transportados água de irrigação (Darriet & Corbel, 2008).

Existem dois tipos principais de fertilizantes utilizados na agricultura: os fertilizantes orgânicos e os fertilizantes minerais. Um terceiro tipo fertilizante é o organomineral. Estes são constituídos por substâncias minerais e por um mínimo de 25% de substâncias orgânicas de origem animal ou vegetal. Trata-se de uma mistura de adubos minerais e de adubos orgânicos que se complementam.

Os fertilizantes orgânicos são principalmente derivados de matéria vegetal (por exemplo, composto, estrume), matéria animal ou excrementos humanos, e são compostos com alto teor de carbono que aumentam a produtividade das plantas e o desempenho do crescimento (Assefa & Tadess 2019). No entanto, os fertilizantes orgânicos contêm frequentemente substâncias orgânicas que podem aumentar o crescimento e o rendimento das plantas, melhorando as propriedades do solo. Podem aumentar a capacidade do solo para reter água, assim o acesso das plantas água (Yuniwati et al.,

2023). Consistem principalmente em estrume, resíduos de culturasadubos verdes, composto, etc. (Kéita, 1985; Diallo, 2002). Vários materiais orgânicos foram reconhecidos como condicionadores do solo e agentes de controlo de doenças, incluindo o controlo da doença da mancha castanha e o aumento do bactérias pelo farelo de arroz (Osunlaja, 1989) e o aumento do crescimento das plantas e a redução das populações de nemátodos pelo bagaço de óleo (Khan & Saxena, 1997). Estes materiais orgânicos sofrem uma série de transformações que os decompõem, os transformam em húmus e depois os mineralizam. Esta série de transformações é efectuada por microrganismos.

Os adubos artificiais apareceram pela primeira vez em meados XIX. Trata-se de compostos que contêm uma concentração elevada de nutrientes necessários ao crescimento das plantas. De acordo com Bliefert e Perraud (1997), os adubos artificiais ou sintéticos são os produzidos por fábricas ou minas; na linguagem corrente, termo adubo artificial é utilizado para a maioria dos adubos minerais comerciais. Os adubos são fabricados pelo homem, comercializados e utilizados em todo o mundo; provêm de rochas eruptivas, sedimentares ou salinas, ou são obtidos por síntese ou por processos industriais. Os adubos apresentam-se sob diversas formas e dimensões, consoante o processo de fabrico: grânulos, pellets, cristais, pós grosseiros ou finos, etc. Estes adubos químicos fornecem às plantas os nutrientes de que estas necessitam: azoto, fósforo e potássio. Os elementos secundários ou oligoelementos contribuem enriquecimento do solo. São também uma fonte de nutrientes secundários, incluindo o enxofre (Hemalatha et *al*., 2013; Lavanya et *al*., 2019). Os fertilizantes contêm proporções variáveis de elementos maiores (N, P, K, etc.) e menores (Zn, Mn, Fe, etc.) essenciais para a planta, bem impurezas e outros elementos não essenciais.

1.2. Diferentes tipos fertilizantes químicos

Na agricultura, os nutrientes do solo que melhoram a produtividade e são amplamente utilizados são os fertilizantes minerais, sendo os mais importantes fertilizantes azotados, fosfatados e potássicos.

1.2.1. Adubos azotados

O azoto (N) é um dos principais constituintes da vida vegetal e animal, desempenhando um papel ativo em muitos processos metabólicos e na fenologia das culturas e dos vegetais (Khan et *al*., 2013), e a sua deficiência no solo limita o crescimento das plantas. As principais fontes de N para fertilização ureia, o nitrato de amónio, o sulfato de amónio, o nitrato de cálcio, etc.

(Goyal, 2012). No solo, existe numa forma mineral (NO_3^- e NH_4^+), que pode ser assimilada pelas culturas, e numa forma orgânica. A forma orgânica, que representa até 90

% do N total nos solos minerais (Olk, 2007), é a principal reserva de azoto no solo. A mineralização destes compostos fornece às plantas uma fonte azoto facilmente assimilável.

1.2.1. 1. O ciclo do azoto

A figura 1 resume o ciclo do azoto na biosfera. Caracteriza-se também pela mobilização e imobilização de compostos azotados. A maior parte das reacções só é catalisada pela microfauna e pelos microrganismos. A fixação ocorre quer por oxidação química, que torna o elemento assimilável (Ramade, 1998), quer pela atividade de microrganismos especializados de vida livre ou simbióticos (Sharma & Ahlert, 1977; Luce et *al*., 2011; Sullivan et *al*., 2014). A principal via de perda de N no solo é a desnitrificação, que consiste na redução de NO_3^- ou NO_2^- a N_2O, NO e N_2 (Drury et *al*., 1992; Saggar et *al*., 2013). Ocorre em condições anaeróbias, sendo o N_2 e o N_2O os resultados dominantes em condições totalmente e parcialmente anaeróbias, respetivamente (Drury et *al*., 1992). A desnitrificação é geralmente baixa a um pH inferior a 4 (Postma et *al*., 2006). É causada por bactérias desnitrificantes e anammox, que são bactérias anaeróbias que obtêm a sua energia a partir da redução óxidos de azoto (Strous et *al*., 1999).

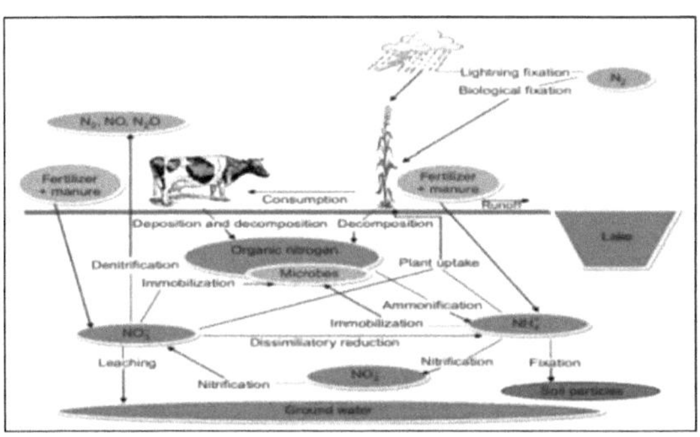

Figura 1: Ciclo do azoto no solo (Luce et *al*., 2011)

1.2.1. 2. A utilização fertilizantes azotados

A utilização de fertilizantes azotados é uma das práticas de gestão das terras mais importantes para melhorar a produtividade das culturas e das pastagens (Mazzetto et *al.*, 2020). Após a Segunda Guerra Mundial, os fertilizantes azotados inorgânicos foram introduzidos para melhorar a produtividade das culturas e satisfazer a procura crescente da população mundial na década de 1950. Este facto conduziu à Revolução Verde, com a introdução de variedades de fertilizantes para obter rendimentos elevados na década de 1960. Ao longo do último meio século, a duplicação dos rendimentos das culturas esteve associada a um aumento de sete vezes na utilização de fertilizantes azotados em todo o mundo (Han et *al.*, 2016). A sua utilização aumentou de 10,8 milhões de toneladas métricas em 1960 para 82 milhões de toneladas métricas em 2000, prevendo-se que continue a aumentar para 249 milhões de toneladas até 2050. Os fertilizantes azotados sintéticos mais utilizados e o seu teor de azoto são apresentados no **quadro 1** (Cao et *al.*, 2017).

Tabela 1. Diferentes tipos fertilizantes azotados e respectivos teores de azoto (Cao et *al.*, 2017).

Tipo de fertilizante	Fórmula química	Teor de azoto (%)	Forma de azoto
Amoníaco anidro	NH_3	82	NH_4^+
Amoníaco	NH_3	22	NH_4^+
de amónio	NH_4NO_3	34	50% NH_4^+ e 50% NO_3^-
de amónio	$(NH_4)_2SO_4$	21	NH_4^+
Soluções de azoto	$CO(NH_2)_2$, NH_4NO_3	30	75% NH_4^+ e 25% NO_3^-
Nitrato de sódio	$NaNO_3$	16	NO_3^-
Ureia	$CO(NH_2)_2$	46	NH_4^+
Nitrato de cálcio	$Ca(NO_3)_2$	17	NO_3^-
Fosfato de diamónio	$(NH_4)_2HPO_4$	18	NH_4^+
Fosfato monoamónico	$NH_4H_2PO_4$	11	NH_4^+
Fosfatos de amónio	$(NH_4)_3PO_4$	15	NH_4^+

1.2.2. Adubos fosfatados

O fósforo é um dos três principais nutrientes essenciais para o crescimento das plantas (Lazali et *al.*, 2020). É um componente das enzimas necessárias para as reacções energéticas envolvidas na respiração e na fotossíntese das plantas. Faz igualmente parte da composição de certos lípidos e de numerosos compostos com ligações energéticas, como ADP e o ATP (Hopkins, 2003). Desempenha um papel crucial na transferência de energia, no metabolismo das plantas e na ativação das proteínas (Priya & Sahi, 2009). É um dos principais constituintes dos ácidos nucleicos, unindo os nucleótidos. É também um constituinte dos fosfolípidos das membranas das plantas (Sanchez et *al.*, 2009). A sua deficiência no ambiente é um fator limitante para o cultivo. Esta deficiência deve ser colmatada através da fertilização fosfatada, necessária para o crescimento das plantas e a otimização do rendimento (Talboys et *al.*, 2016). Globalmente, o principal utilizador de fósforo é a agricultura, que representa cerca de 90% da procura global total (Gupta et *al.*, 2014).

1.2.2.1. O ciclo do fósforo

O ciclo do P é um sistema dinâmico de transferência entre o solo, a planta e a biomassa microbiana **(Fig. 2)** (Pierzynski et *al.*, 2000). Consequentemente, o ciclo inclui os processos de absorção de fósforo pela planta, a transformação em formas orgânicas e as reacções químicas de fixação e imobilização no solo (Morel, 2002; Demers, 2008). O fósforo na solução do solo representa menos de 1% do fósforo total, mas é a principal fonte de fósforo para as plantas (Pereda Campos, 2008). De acordo com Morel (1996), corresponde ao fósforo dissolvido na solução do solo, sob a forma ionizada de ácido fosfórico H2PO4-, HPO4 2-, PO4 3-, cujas proporções variam em função do pH do meio em causa. Estas formas são responsáveis pela nutrição fosfatada das culturas. De acordo com Drouet (2010), os microrganismos desempenham igualmente um papel importante nos processos de mineralização e imobilização, sendo possível observar um ciclo ativo do fósforo no solo. Este ciclo é muito semelhante ao azoto. De acordo com Eliard (1979), o ciclo do fósforo é o único dos principais ciclos biogeoquímicos que não inclui uma componente gasosa.

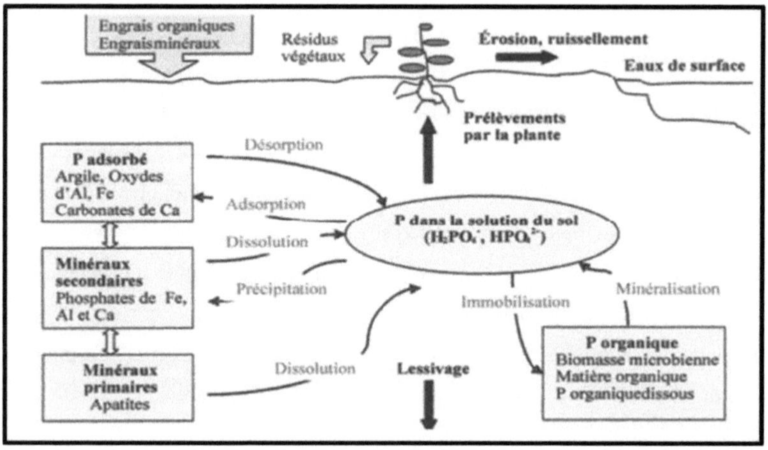

Figura 2: Ciclo do fósforo (Pierzynski et *al.*, 2005)

1.2.2.2. A utilização de fertilizantes fosfatados

Os fertilizantes minerais fosfatados permitem elevados rendimentos agrícolas e ajudam a alimentar a população mundial (Bindraban, 2020). São amplamente utilizados em todo o mundo (Hartley et *al.* ,2013; Taliman et *al.* ,2019) fornecem um dos nutrientes mais importantes para a produção agrícola De facto, aproximadamente 150 milhões de toneladas de rocha fosfática são extraídas anualmente em todo o mundo para a produção fertilizantes PO4 (Valadares et *al.* ,2017; Bhat et *al.* ,2019). Os fertilizantes fosfatados comerciais podem conter duas formas de fósforo (ortofosfatos), uma forma de reação ácida $H_2PO_4^{-1}$ (superfosfato triplo (TSP), fosfato monoamónico (MAP)) ou uma forma de reação básica HPO_4^{-2} (fosfato diamónico (DAP)) (Giroux, 1991). Os fertilizantes fosfatados não são totalmente utilizados pelas culturas. As plantas utilizam apenas 5% a 30% do P adicionado (McLaughlin et *al.*, 1988), deixando 70% a 95% de P residual. Com o tempo, o P solúvel dos fertilizantes acumulado no solo reage com os componentes do solo, tornando-se cada vez menos disponível para as plantas (Stevenson, 1986).

1.2.3. Adubos potássicos

O K é um elemento essencial para o funcionamento biológico das plantas, sendo utilizado no processo de fotossíntese, na formação e migração de hidratos de carbono e proteínas, na osmorregulação e na regulação de enzimas (Marschner, 1995; Hatterer & Kessler, 2014).

Ao contrário do azoto e do fosfato, que são os constituintes básicos proteínas, ácidos nucleicos, fosfolípidos, ATP, etc., o potássio não é incorporado nas moléculas das plantas. O potássio existe predominantemente elemento livre ou como catião de absorção limitada e pode, por isso, ser facilmente removido da membrana celular, mesmo de uma planta inteira (Lindhauer, 1985). Esta elevada mobilidade na planta explica as principais caraterísticas fisiológicas do potássio: é o principal catião envolvido na neutralização de cargas e o elemento inorgânico ativo mais importante (Clarkson & Hanson, 1980). O potássio desempenha um papel importante no aumento da taxa de transporte de nutrientes (especialmente sacarose e aminoácidos) na seiva elaborada (Herlihy, 1989). A deficiência de potássio afecta vários processos metabólicos, tais como a eficiência da fotossíntese, a translocação e a respiração, bem como vários sistemas enzimáticos (Marschner, 1995; Mengel, 1997).

1.2.3.1. Ciclo do potássio

O ciclo do potássio está intimamente ligado às caraterísticas físico-químicas do solo. Para raciocinar a fertilização potássica, é necessário conhecer a dinâmica do potássio no solo. O potássio existe no solo sob quatro formas diferentes: solúvel, permutável, não permutável (fixo) e K estrutural (Agbenin, 2020). Ao contrário do azoto e do fósforo, o potássio existe tanto na forma sólida (agregados do solo) como na forma líquida (solução do solo) **(fig. 3).** O potássio na solução do solo é fixado pelo húmus ou pela argila; o potássio nos minerais só é libertado muito lentamente. Sob certas condições, o potássio fixado pode ser trocado com as formas anteriores. O excesso de K deve ser evitado, pois está sujeito lixiviação, especialmente em solos arenosos. Da mesma forma, existe uma competição pelo K no solo entre a planta e o complexo argilo-húmico. Para manter um nível adequado de potássio permutável solo, é aconselhável aplicar mais potássio em solos argilosos do que em solos arenosos, sendo preferível dividir as aplicações e sincronizá-las com as necessidades da planta. As exportações agrícolas e a lixiviação (mais significativa em solos arenosos com pouca matéria orgânica e baixa capacidade de troca catiónica) são as principais causas de perda deste nutriente. As principais fontes são os fertilizantes minerais e os factores de produção orgânicos.

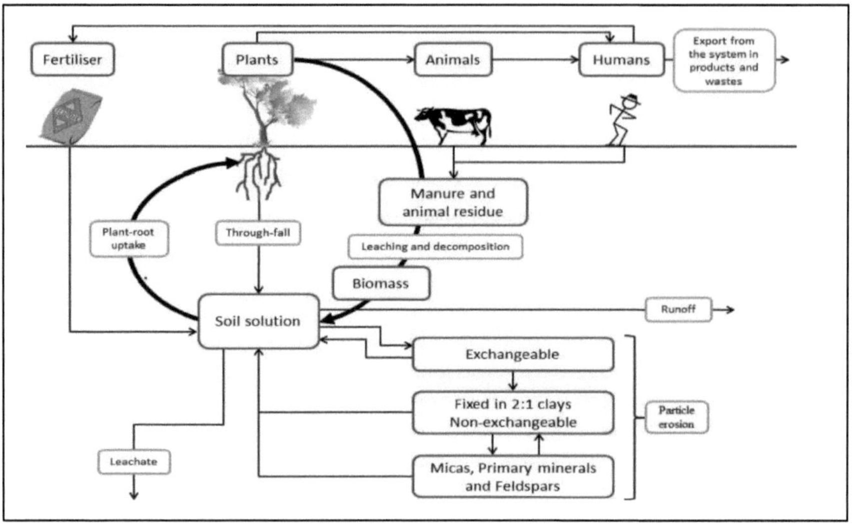

Figura 3. O ciclo do potássio nos solos (adaptado de Brady e Weil (2008)).

Brady, N.C., Weil, R.R., (2008). The Nature and Properties of Soil, 14 ed. Prentice Hall, New Jersey, USA, 965 pp.

1.2.3.2. A utilização de adubos potássicos

De acordo com Smil (1999), os fertilizantes K, ao contrário do azoto (N) e do fósforo (P), são aplicados a uma taxa muito mais baixa e menos de 50% do K removido pelas culturas é reposto. Desde 1980, a utilização de fertilizantes K aumentou cerca de 25%, e a procura global de fertilizantes K deverá aumentar ainda mais, de 23,8 Mt K em 2011 para 27,1 Mt K em 2015 (FAO, 2011), devido ao aumento previsto da produção agrícola mundial. A nível mundial, as culturas cerealíferas (trigo, arroz, milho) representam a maior parte (37%) da utilização de fertilizantes K, seguidas das frutas e legumes (), das oleaginosas (), do açúcar e do algodão (11%).

%) e outras culturas (14%) (FAO, 2011). Para a maioria das culturas anuais, a prática geral é aplicar fertilizantes com K durante ou antes do . A areia glauconítica contém cerca de 4 a 8% de K2O e tem sido utilizada fonte de fertilizante de potássio em todo o mundo (Majumder et *al.* 1995; Yadav et *al.* 2000). O cloreto de potássio (KCl), um mineral natural extraído de depósitos profundos, é a principal forma de fertilizante de K utilizada atualmente. O sulfato de potássio e o nitrato de potássio, ambos subprodutos da extração de KCl, estão também disponíveis comercialmente, mas são mais caros. Os fertilizantes orgânicos (estrume animal, , resíduos de biogás ou resíduos alimentares) são também uma fonte importante fertilizantes K na agricultura. As necessidades de potássio dos fertilizantes podem ser determinadas através da análise das plantas e do solo.

1.4. Consumo de fertilizantes

A nível mundial, a aplicação de fertilizantes nas culturas aumentou astronomicamente nos últimos 60 anos (Gupta et al., 2014). O consumo global dos três principais nutrientes fertilizantes, azoto, fósforo e potássio, atingiu 186,67 milhões de toneladas em 2016, com um aumento de 2,4% registado em 2015 (FAO, 2017). A procura total de fertilizantes (N, P, K) está a aumentar de forma constante, como mostra **a Figura 3**, com um aumento anual de 1,9

% em média a partir de 2015 e espera-se que atinja 201,66 milhões de toneladas em 2020 (FAO 2017). Na Argélia, nas últimas duas décadas, o setor agrícola tem sido a força motriz do crescimento económico do país, representando quase 13 % da população ativa (Bessaoud & al., 2019). Os pesticidas e os fertilizantes são agora utilizados em maiores quantidades do que no passado, a fim aumentar o rendimento das culturas (Băcanu et *al.*, 2019).

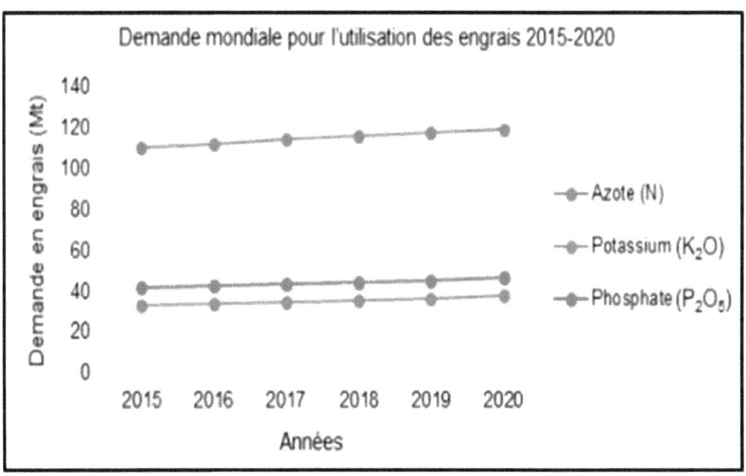

Figura 4: Procura mundial dos principais fertilizantes (N, P, K) de 2015 a 2020 (FAO 2017)

I.5. Impacto dos fertilizantes

A utilização maciça de fertilizantes, embora garanta uma maior segurança alimentar para os seres humanos, teve e tem atualmente efeitos desastrosos no ambiente, em particular os gases com efeito de estufa (GEE) (Davis et *al.*, 2016) e o amoníaco (NH3) (Steffen et *al.*, 2015), bem como a lixiviação de nitratos (Wang et al., 2019). Vários investigadores referiram que apenas um terço a metade dos minerais aplicados como fertilizantes são realmente absorvidos pelas plantas e que a restante metade ou dois terços se tornam geralmente fontes de poluição do solo, da água e do ar, causando graves problemas para ambiente e a saúde humana (Sheahan et *al.*, 2017; Elahi et *al.*, 2019; Li et *al.*, 2019).

I.5.1. Impacto dos fertilizantes no ambiente

➢ **Impacto dos fertilizantes ar**

A aplicação excessiva fertilizantes contribui para o aquecimento global através da emissão de óxido nitroso (N2O) e óxidos de azoto (NOx), e da volatilização de amoníaco (NH3) (Vitousek et *al.*, 2009). O óxido nitroso (N2O) é um gás traçador atmosférico , com um potencial de aquecimento global 265 vezes superior ao do dióxido de carbono (CO2) num período de 100 anos (Pachauri & Meyer, 2014), e é o principal agente destruição da camada de ozono no século XXI (Portmann et *al.*, 2012). As terras cultivadas são globalmente responsáveis por 66% do total das emissões antropogénicas de N2O a nível mundial, prevendo-se que estas emissões dupliquem até 2050 (Davidson & Kanter, 2014). As elevadas doses de fertilizantes azotados aumentam a magnitude das emissões de N2O dos sistemas de cultivo e são responsáveis por cerca de 54 % do aumento total das emissões globais de N2O na última década (Tian et *al.*, 2019).

➢ **Impacto dos fertilizantes no solo**

A aplicação a longo prazo de fertilizantes minerais e estrume altera significativamente as propriedades químicas do solo (Bünemann et *al.*, 2018; Chowdhury et *al.*,2019), por exemplo, a resposta do solo, a salinidade, a capacidade de troca catiónica, o teor de carbono orgânico e o estado dos nutrientes do solo. A fertilização, dependendo do método, afecta o teor de formas principalmente absorvíveis de macronutrientes e micronutrientes no solo. A longo , afecta também a abundância de microrganismos e a estrutura e dinâmica da comunidade microbiana do solo, uma vez que os microrganismos são um componente sensível de um ecossistema agrícola (Lupatini et *al.*, 2017; Wang et *al.*, 2019). A fertilização orgânica e mineral equilibrada a longo prazo tem um efeito geralmente positivo nas populações de bactérias, actinobactérias e fungos. Aumenta a sua atividade metabólica, o que acelera a decomposição da matéria orgânica e a circulação de nutrientes e também aumenta a sua disponibilidade para as plantas (Elbl, 2019). Por outro lado, uma fertilização desequilibrada de nutrientes pode causar um desequilíbrio microbiano no solo. Isto reduz a biodiversidade, a biomassa e a atividade microbiológica. Em particular, a utilização de doses elevadas de fertilizantes azotados reduz o número de certos tipos de bactérias (Zhou et *al.*, 2015; Zhong *et al.*, 2015). O excesso de azoto leva à acumulação de compostos tóxicos, nomeadamente amoníaco e nitrosaminas, no solo, reduzindo a presença de muitos grupos de microrganismos e a acidificação do solo (Barabasz et *al.*, 2002; Geisseler & Scow, 2014). No entanto, o uso prolongado fertilizantes minerais está associado a alterações no pH do solo (Geisseler & Scow, 2014), o que tem implicações importantes na composição da comunidade bacteriana (Delgado-Baquerizo et *al.*, 2018). O baixo pH do solo aumenta a presença de fungos, incluindo espécies produtoras de toxinas dos géneros Aspergillus, Fusarium e Penicillium. Os metabolitos que libertam, principalmente micotoxinas, são tóxicos para outros organismos do solo (Francioli et *al.*, 2016).

➢ Impacto dos fertilizantes na água

A lixiviação de elementos minerais e a contaminação das águas subterrâneas, principalmente por nitratos e fósforo reativo dissolvido, são preocupações importantes em todo o mundo. O azoto é um elemento extremamente móvel no solo quando se encontra sob a forma de nitrato, ao passo que o fósforo é um elemento muito pouco móvel no solo (Haynes, 1985). O nitrato é fácil e rapidamente lixiviado através do compartimento do solo se a sua remoção pela cultura estiver mal sincronizada com a sua disponibilidade; Uma grande parte perde-se então por infiltração nas águas subterrâneas (Trenkel, 2021), ao contrário do amónio, que é lixiviado em muito menor quantidade por ser a forma absorvível preferida por um grande número de plantas, para além da sua carga positiva, que lhe permite ser facilmente retido pelo complexo argilo-húmico do solo graças à sua capacidade de troca catiónica (Gagnon, 2009). Devido à aplicação excessiva de adubos azotados e fosfatados nas terras agrícolas, uma grande parte destes elementos perde-se com as águas de escoamento ou por lixiviação e percolação no lençol . Este facto leva à proliferação algas e plantas aquáticas rios e lagos, resultando em eutrofização **(Fig.5)**. Esta situação pode causar sérios danos qualidade e tratamento da água potável, à saúde animal e humana e ecossistemas aquáticos (Beusen et *al.*, 2016; Huang et *al.* 2017).

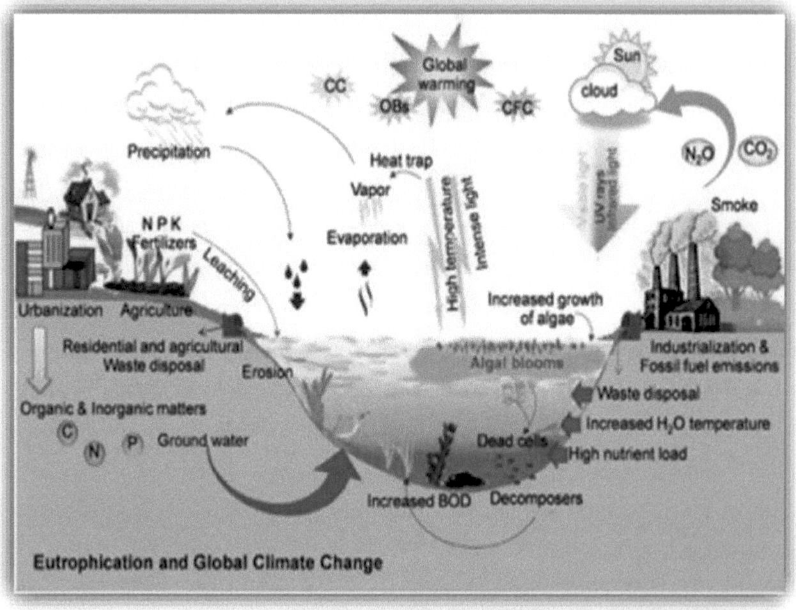

Figura 5: Efeitos negativos utilização de fertilizantes azotados e fosfatados nos ecossistemas. (Rastogi et *al.*, 2015)

I.5.2. Impacto dos fertilizantes na saúde humana

Os fertilizantes são um dos factores de produção essenciais para melhorar a produção agrícola. Os efeitos adversos cumulativos da utilização indiscriminada fertilizantes não só intensificam a poluição do solo, da água e da atmosfera, como também constituem uma ameaça para a biodiversidade e a saúde humana. Os fertilizantes químicos podem afetar indiretamente a vida selvagem, perturbando as cadeias alimentares e os habitats.

O principal risco dos adubos minerais químicos inorgânicos provém dos componentes azotados, que estão presentes na maioria dos adubos. Os componentes azotados são os nitratos NO3, o amónio NH4 (geralmente sob a forma nitrato de amónio NH4NO3) e a ureia. Mesmo com uma exposição reduzida, os adubos podem ter consequências graves para o organismo, como a esterilidade masculina e o cancro, mas também consequências graves para o feto. Beber água contaminada com nitratos pode ser perigoso, nomeadamente para os bebés e as mulheres , pois pode provocar uma doença potencialmente grave chamada metahemoglobinemia, ou "síndrome do bebé azul" (Haung & Lin, 2004).

Os trabalhadores profissionais do sector dos fertilizantes e os agricultores que manuseiam e aplicam fertilizantes químicos podem estar expostos a substâncias químicas potencialmente perigosas. Isto pode ocorrer através da inalação de poeiras ou vapores de fertilizantes, do contacto direto com a pele ou da ingestão acidental. Esta exposição pode provocar problemas de saúde, irritação da pele, problemas respiratórios e perturbações neurológicas. Algumas pessoas podem ser sensíveis aos produtos químicos dos adubos químicos. Podem ocorrer reacções alérgicas quando expostas a estes produtos químicos, levando a sintomas como erupções cutâneas, comichão, irritação ocular, problemas respiratórios e alergias respiratórias. Além disso, a ingestão de animais ou plantas envenenados por estes mesmos elementos constitui um perigo adicional para os seres humanos.

2. NITRATO DE CÁLCIO

2.1. Descrição e propriedades físico-químicas do nitrato de cálcio

O nitrato de cálcio tetra-hidratado (Leclaire & Monier, 1970) **(Tab. 2)** é um dos adubos inorgânicos mais utilizados, representando 4% do total dos adubos azotados utilizados . É recomendado para utilização em solos ácidos, pois acidifica menos o solo do que muitos adubos azotados comuns (Pierre, 1928). É um composto muito eficaz para a nutrição das plantas, fornecendo cálcio e azoto. Aparece mais frequentemente como ingrediente de certos adubos ou sob a forma de grânulos. Tem uma elevada solubilidade (Boyd, 1981) e pode também ser encontrado em versões solúveis (Rodriguez & Zea, 2015).

Quadro 2. Resumo das propriedades físico-químicas do nitrato de cálcio

Identificação de produto	Nome do produto : CALNISOL
Utilização	Adubo solúvel para fertirrigação de culturas.
Fórmula química	Ca $(NO_3)_2$ 4H2O

Composição	• Azoto total (N): 15%. Azoto nítrico (NO_3): 15%. • Óxido de cálcio (CaO): .
Propriedades físicas e químicas	Aspeto (formulação): cristais brancos. - Sem cheiro. - Solúvel em água. - Solubilidade: 1212 g/l.
Estrutura pormenorizada	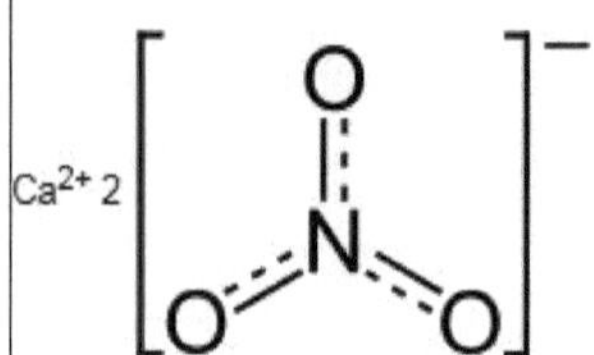
Toxicidade	LD 50: 3900 mg/kg em ratos
Peso molecular	236,15 g/mol.

2.2. Processo de fabrico de nitrato de cálcio

O nitrato de cálcio é fabricado industrialmente por dois processos diferentes (Sauchelli, 1960). No primeiro processo, é produzido através da reação de calcário moído com ácido nítrico. Após purificação e adição de de amónio, uma solução quente graças a fase de secagem por pulverização, obtém-se o produto final, que é um cristal branco, hidrossolúvel e granulado a 15,5% de azoto. O produto será doravante designado por nitrato de cálcio A. Num outro processo, como subproduto no fabrico de nitrofosfatos. O fosfato de rocha é dissolvido com ácido nítrico e o nitrato de cálcio é separado do líquido-mãe por arrefecimento, cristalização e centrifugação (Killingmo & Luthman, 1968).

2.3. Utilização de nitrato de cálcio

O nitrato de cálcio é um sal com uma variedade aplicações comerciais. É utilizado no betão para evitar a corrosão das barras de reforço (Justnes, 2002; Justnes & Nygaard, 1995). É utilizado na produção de fertilizantes, explosivos, fósforos, , lâmpadas incandescentes e adicionado ao gasóleo como inibidor de corrosão (Ropp, 2013). O nitrato de cálcio é também utilizado para prevenir odores em sistemas de recolha e tratamento de águas residuais (Weissenberger et *al.*, 2006).

2.4. O nitrato

O nitrato é uma forma natural de azoto e faz parte integrante do ciclo do azoto no ambiente. O nitrato é formado a partir de fertilizantes, plantas em decomposição, estrume e outros resíduos orgânicos. Encontra-se no ar, no solo, na água e nos alimentos (nomeadamente nos vegetais) e é produzido naturalmente pelo corpo humano.

2.4. 1. nitratos nos alimentos

O nitrato é também utilizado como aditivo alimentar, principalmente como conservante e agente antimicrobiano. O nitrato de sódio (E251) ou o nitrato de potássio (E252) são normalmente utilizados em alimentos como o queijo e produtos de queijo, carnes cruas e transformadas, tripas comestíveis, peixe transformado, de peixe, bebidas espirituosas e licores. As espécies vegetais que podem acumular nitratos incluem as plantas Brassica, os cereais verdes (aveia, trigo, centeio e milho)o sorgo e a erva do Sudão, o milho, a beterraba, o trevo doce e as framboesas (Wrathall, 2002). Os vegetais e os produtos de charcutaria são as principais fontes de nitratos nos alimentos, mas pequenas quantidades podem estar presentes no peixe e nos produtos lácteos. Os produtos à base de carne podem conter <2,7-945 mg de nitrato/kg; os produtos lácteos contêm geralmente <3-27 mg de nitrato/kg. A transformação dos alimentos, a utilização de fertilizantes e as condições de cultivo (particularmente a temperatura do solo e a intensidade da luz do dia) influenciam a quantidade de nitratos nos vegetais. Culturas como a beterraba, as saladas verdes, os rabanetes e os espinafres contêm frequentemente nitratos em concentrações superiores a 2.500 mg/kg, especialmente quando cultivados em estufas (OMS, 2011).

2.4. 2. nitratos água potável

Nos últimos anos, a contaminação das águas subterrâneas por nitratos tem sido um problema crescente em todo o mundo. As concentrações mais elevadas de nitratos nas águas subterrâneas foram registadas em áreas de produção agrícola intensiva (Filipović et al., 2013). Ao utilizar fertilizantes azotados, os nitratos serão lixiviados sob a zona das raízes das plantas e, eventualmente, chegarão às águas subterrâneas (Oram, 2015), uma vez que o ião nitrato não se liga ao complexo de adsorção do solo e é suscetível de ser arrastado do solo para as águas subterrâneas (Sofilić, 2014). A água potável rica em nitrato está associada a poços privados, particularmente poços (<15 m de profundidade) em áreas com solos permeáveis (Fewtrell, 2014).

Devido ao aumento da utilização de fertilizantes azotados sintéticos e de efluentes da pecuária na agricultura intensiva, os produtos hortícolas e a água potável podem conter concentrações de nitratos mais elevadas do que no passado. A Organização Mundial de Saúde (OMS, 2006) especifica 50 mg/l de nitratos na água como a concentração máxima recomendada.

2.4. 3. O nitrato no corpo humano

Existem duas fontes principais de nitratos no corpo humano. Uma é a formação endógena de óxido nítrico (NO), que é oxidado espontaneamente no sangue e nos tecidos para nitritos, e a outra é a alimentação. Wagner et al (1983) afirmam que a alimentação não é a única fonte de nitratos, mas que estes são sintetizados endogenamente. Por conseguinte, quantidade total de nitratos excretados urina não provém da alimentação, embora, durante o período consumo elevado de azoto, a contribuição da biossíntese endógena de nitratos para o nitrato urinário seja reduzida. Os trabalhos de Leaf et al (1989) demonstraram a biossíntese endógena a partir da arginina.

2.5. Toxicidade do nitrato

O nitrato existe em grande escala na água potável e nos alimentos, entrando inevitavelmente na cadeia alimentar humana. Consequentemente, a compreensão do metabolismo do nitrato ingerido é um pré-requisito para a avaliação correta dos efeitos nocivos e benéficos previstos para a saúde humana. O nitrato ingerido é absorvido principalmente pela parte superior do trato digestivo. A absorção ocorre rapidamente, entre uma e três horas ingestão alimentos e bebidas, e vários investigadores encontraram níveis máximos de nitrato no soro, na saliva e na urina (Bartholomew e Hill, 1984). O nitrato absorvido é rapidamente distribuído nas glândulas salivares e possivelmente noutras glândulas exócrinas, podendo mesmo passar para o leite materno (Green et al, 1982). A redução do nitrato começa na boca com bactérias que produzem a enzima nitrato redutase, que também se encontra nos micróbios intestinais dos mamíferos. Cerca de 25% do nitrato ingerido é convertido em dióxido de azoto (NO_2) na boca, e o pH ácido estômago promove a formação ácido nitroso, que pode decompor-se em vários óxidos de azoto, incluindo o dióxido de azoto (NO_2) e o trióxido de dinitrogénio (N_2O_3), dependendo do ambiente redox e do conteúdo gástrico. Foi descrita a circulação enterosalivar do nitrato após a sua absorção no intestino. As glândulas salivares recuperam então cerca de 20% do nitrato circulante e segregam-no para a cavidade oral onde é reduzido a nitrito pela microflora local e reinicia o ciclo (Fig.6) (Pereira et *al.*, 2013). No estômago, o nitrito ingerido é convertido em ácidos nitrosos instáveis, que se degradam espontaneamente numa variedade de compostos azotados, principalmente óxido nítrico e compostos N-nitroso (Du et *al.*, 2007).

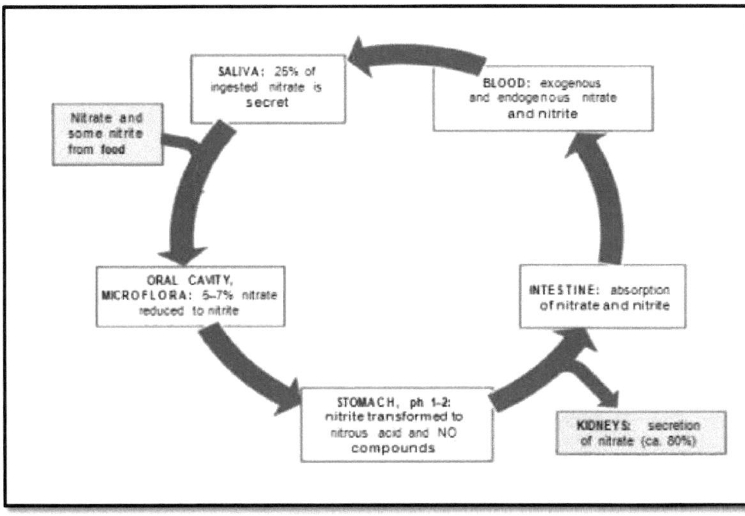

Figura 6. Metabolismo do nitrato (Hmelak Gorenjak & Cencič, 2013).

O nitrato é o precursor do óxido nítrico (NO), que tem uma série de funções fisiológicas, incluindo a neurotransmissão (Garthwaite, 1991), a regulação imunitária (Hibbs, 1991), o relaxamento vascular do músculo liso (Moncada et *al.*, 1986) e a inibição da agregação plaquetária (Radomski et *al.*, 1987). Além disso, a interação do óxido nítrico (NO) com a oxihemoglobina (HbO_2) leva à formação de meta-hemoglobina (metHb) e pode reagir com aminas secundárias para produzir compostos N-nitro que podem ser cancerígenos (Volkmer et *al.*, 2005). Estes compostos são também hepatotóxicos, causando fibrose e tumores (Erkekoglu & Baydar, 2010).

.

3. MATERIAIS E MÉTODOS

3.1. Hardware

3.1.1. Equipamento químico

No nosso estudo, optámos por definir e testar dois dos adubos mais utilizados na Argélia, nomeadamente na região de Souk-Ahras. A primeira etapa consistiu num inquérito no terreno junto dos agricultores e dos vendedores de adubos da região de Souk-Ahras (Taoura, Ouled Driss, Hnancha, Souk-Ahras). Esta abordagem levou-nos a testar dois adubos que figuravam na lista dos adubos mais utilizados pelos agricultores da região. Tratava-se de um adubo azotado (nitrato de cálcio).

de cálcio (Ca(NO 3) 2 -4H 2 O) comercializado sob o nome de Calnisol® (Processo n.º: 10124-37-5) adquirido numa empresa de fertilizantes, Profert, Bejaia, Argélia. O nitrato de cálcio foi dissolvido em água mineral para administração oral; as doses foram administradas de acordo o peso corporal.

3.1.2. Materiais

Este trabalho foi efectuado com ratos brancos machos (Albino Wistar). Trata-se de mamíferos noturnos da ordem dos roedores, habitualmente utilizados na investigação. A maturidade sexual ocorre entre o quinquagésimo e o sexagésimo dia após o nascimento. Um rato saudável pode viver entre dois anos e meio e três anos, consoante as condições ambientais.

3.1.2.1. Animais e de manutenção

Vinte e oito (28) ratos machos Institut Pasteur de Argel, com oito semanas de idade e pesando 240±30 g. Todos foram mantidos no biotério da nossa Universidade e passaram por um período adaptação aproximadamente três semanas às condições do biotério (temperatura 23±2°c

fotoperíodo 10/14). Os ratos foram alojados em gaiolas de plástico forradas com aparas de madeira. As gaiolas eram limpas e o material de cama mudado de dois dois dias. Os animais foram alimentados com alimentos secos sob a forma de croquetes feitos de trigo, milho e cevada do complexo alimentar (Oued Fragha, Guelma, Argélia). A água da torneira era distribuída aos animais em biberões e mudada diariamente **(Fig. 7).**

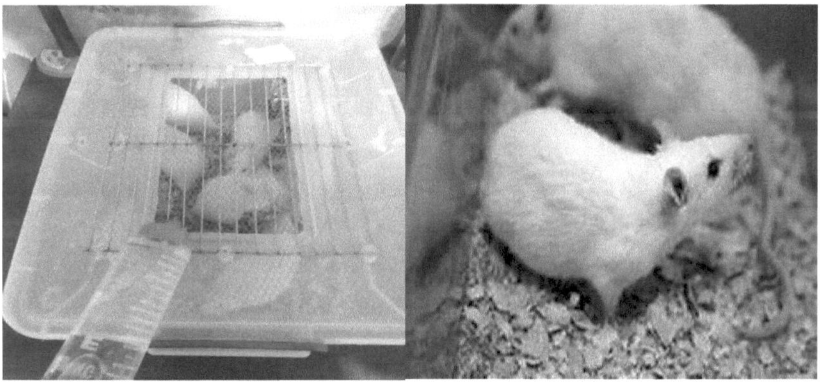

Figura 7. Embalagem para tratamento de animais **(Fotografia original)**

3.1.2.2. Tratamento de ratos

Após o período de adaptação (21 dias), os ratos foram divididos aleatoriamente em sete grupos de sete ratos cada. Os ratos foram tratados durante trinta (30) dias da seguinte forma:

Grupo 1 (Controlo): o grupo de controlo recebeu água da torneira por gavagem (*per os*)

Grupo 2 (Nitrato de cálcio D1): os ratos foram tratados com nitrato de cálcio a uma taxa de **(200 mg/kg)** de peso corporal por gavagem oral por dia durante 30 dias.

Grupo 3 (nitrato de cálcio D2): os ratos foram tratados com nitrato de cálcio **(400 mg/kg**de peso corporal por gavagem oral por dia durante 30 dias.

Grupo 4 (nitrato de cálcio D3): os ratos foram tratados com nitrato de cálcio **(800 mg/kg)** de peso corporal por gavagem durante 30 dias.

NB: Os animais foram pesados todos os dias durante todo o tratamento. As doses foram escolhidas de acordo com a literatura.

3.1.2.3. Sacrifício e amostragem

➢ **Colheita de sangue**

No final do período de tratamento, os ratos foram deixados em jejum durante a noite. De manhã, foram sacrificados por decapitação no **laboratório do LST2E** e o sangue foi imediatamente recolhido em dois tubos diferentes:

Um com EDTA: imediatamente transportado numa caixa frigorífica para o laboratório de análises clínicas para determinação da fórmula de contagem sanguínea (FNS).

O **outro com heparina**: foi submetido a uma centrifugação a 3000 rpm durante 15 minutos e, em seguida, o soro resultante foi recuperado e armazenado a -20°C, para ser utilizado na medição dos parâmetros bioquímicos.

➢ **Remoção de órgãos**

Após a dissecação, o fígado e os rins foram cuidadosamente retirados, lavados NaCl a 0,9% e pesados. Foram conservados segundo dois métodos: metade foi conservada no congelador para posterior preparação homogenato utilizado para medir os parâmetros de stress oxidativo e a outra metade foi fixada em solução de formalina a 10% para os cortes histológicos. **A figura 8** mostra um diagrama esquemático das diferentes fases dos protocolos utilizados na experiência.

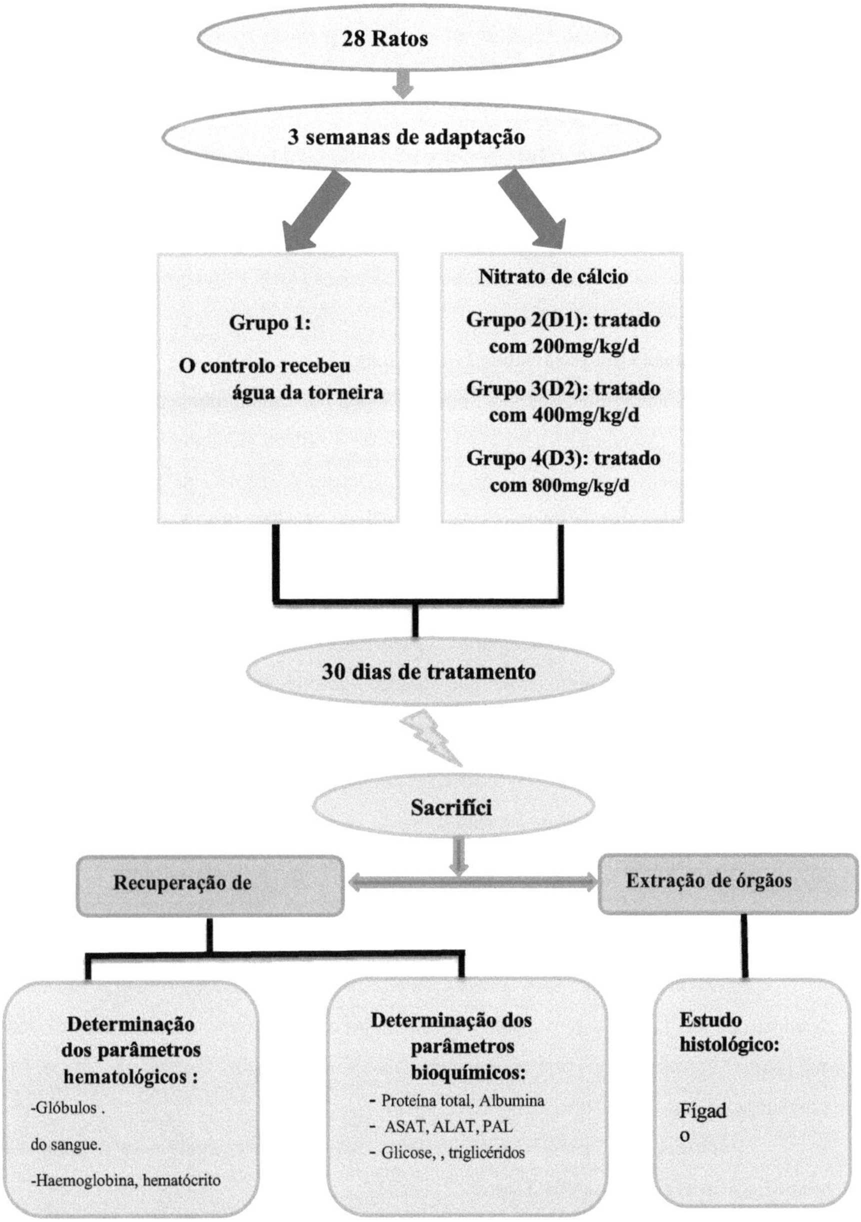

Figura 8. Diagrama resumido do protocolo experimental

3.2. Métodos

3.2.1. Determinação dos parâmetros hematológicos :

A fórmula de contagem sanguínea (FNS) foi efectuada por um analisador hematológico automático (Mindray Coulter, Inc, modelo: BS - 30C.), no laboratório de análises clínicas da EPSP Taoura, para determinar os seguintes parâmetros: glóbulos vermelhos (RBC), glóbulos brancos (WBC), hemoglobina (Hb), hematócrito (HT), linfócitos (LY), monócitos (MO), volume médio de glóbulos vermelhos (MBCV) e concentração média de hemoglobina corpuscular (MCHC).

3.2.2. Determinação dos parâmetros bioquímicos :

Os diferentes parâmetros bioquímicos foram medidos por espetrofotometria, utilizando um espetrofotómetro (Mindray BA-88A) e kits prontos a utilizar (Diagnopharm kits, Bouira, Argélia) para determinar os níveis de glicose, colesterol, triglicéridos, proteínas totais, albumina, transaminases (ASAT e ALAT), fosfatase alcalina (PAL), ureia, creatinina e ácido úrico. Os testes são efectuados laboratório EPSP Taoura.

3.2.3. Estudo histológico

Os cortes histológicos foram efectuados no laboratório privado de anatomia patológica (Dr. Amoura) de Souk-Ahras. Utilizando a técnica descrita por Houlot (1984). Os órgãos retirados (fígados e rins) foram conservados em formalina () e submetidos várias fases do estudo histológico, como se segue:

- **Fixação**: O objetivo da fixação é manter a integridade das estruturas. efectuada por imersão, banhando os espécimes em formalina. Os espécimes são depois retirados do formol e cortados transversalmente. As amostras foram então colocadas em cassetes especiais.
- **Desidratação**: Esta fase consiste na eliminação da água. As amostras são então desidratadas por meio de um dispositivo automático, durante um mínimo de 12 horas, que passa automática e progressivamente as amostras por banhos de etanol de concentração crescente (70%, 80%, 90 e 100%).
- **Clarificação**: as cassetes são colocadas num banho de xileno a 40°C durante 2 horas. Esta operação é repetida 3 vezes.
- **Parafina de tecidos**: Esta fase envolve a utilização de um dispositivo de inclusão, que facilita a produção de secções transversais finas e regulares. Para tal, as amostras são embebidas em blocos de parafina líquida (sob o efeito do calor). São depois

colocadas numa placa metálica arrefecida para assegurar a rápida solidificação do bloco de parafina que contém o tecido. Utiliza-se um micrótomo para cortar o bloco com a espessura desejada, produzindo fatias com 2 a 5 μm de espessura. As fatias obtidas são então espalhadas em lâminas.

➢ **Desparafinização**: Consiste na remoção da parafina. As lâminas são colocadas numa placa quente (a 45-60°C) durante 15 minutos, modo a obter a liquefação e, consequentemente, a eliminação da parafina.

➢ **Re-hidratação**: Implica a imersão das lâminas em banhos de álcool de intensidade decrescente (álcool a 100° para álcool a 50°) e depois água destilada.

➢ **Coloração com uma combinação corantes de hematoxilina e eosina (HE)**: A técnica de hematoxilina e eosina foi utilizada para a coloração, exigindo a presença de álcool ácido (100 ml de álcool etílico a 70% + 50 ml de ácido HCl), água de amoníaco (100 ml de água destilada + 2 ml de amoníaco) e solução de eosina.

A coloração é efectuada de acordo com as etapas seguintes:

✓ Desparafinar e humedecer as lâminas água da torneira e, em seguida, enxaguar água destilada.

✓ Mergulhar banho de hematoxilina de Harris (15 minutos) que torna as estruturas basófilas (núcleos) azul-púrpura.

✓ Distinguir os componentes dos cortes efectuados álcool ácido

✓ Em seguida, colocar as lâminas num banho de água corrente e verificar a diferenciação ao microscópio.

✓ Azul banho de água com amoníaco.

✓ Mergulhar num banho de eosina (15 segundos a 2 minutos) para corar de rosa as estruturas acidófilas (citoplasma). Todos estes banhos são separados por lavagem com água da torneira.

✓ As preparações foram depois secas e observadas num microscópio ótico

(marca OPTIKA B-290, Itália).

3.2.4. Estatísticas do estudo

Os resultados foram representados a forma de uma média mais ou menos o desvio padrão (MOY ± SD), e a comparação entre os diferentes grupos foi efectuada após uma análise de variância (ANOVA).

Os dados foram analisados com recurso ao software estatístico SPSS (Versão 23). As diferenças são consideradas como :

- ≤*Significativo quando (p 0,05).
- ≤** Altamente significativo quando (p 0,01).
- ≤***Muito significativo quando (p 0,001)

4. RESULTADOS

4.1. Efeitos do tratamento sobre as variações de um certo número de parâmetros fisiológicos.

4.1.1. Variações no peso corporal de ratos.

A Tabela 3 mostra as variações no peso corporal dos diferentes grupos. Ao longo do período de tratamento, a monitorização do peso corporal dos animais indica que os animais tratados com nitrato de cálcio na dose de (800 mg /kg) apresentaram um aumento altamente significativo (P<0,01) em comparação com o grupo de controlo. Este aumento do peso corporal foi acompanhado de um aumento da percentagem de ganho de peso em relação ao grupo de controlo **(Tab.3).**

Tabela 3. Variações da massa corporal nos ratos de controlo e nos ratos tratados com nitrato de cálcio a 200 mg/kg (G2), nitrato de cálcio a 400 mg/kg (G3), nitrato de cálcio a 800 mg/kg (G4), após 30 dias de tratamento.

Parâmetros	Grupos experimentais			
	Parâmetros	Nitrato de cálcio (G2)	Nitrato de cálcio (G3)	Nitrato de cálcio (G4)
Massa inicial (g)	256,14±6,28	257,14±4,52	257,29±3,95	256,86±5,55
Massa final (g)	289,43±6,24	289,29±3,35	291,86±5,58	300,14±3,67**
Ganho de peso (%)	33,29±10,06	32,14±5,34	34,57±3,50	43,29±6,73*

Os valores são expressos como média ± DP (n = 7 ratos); *; P< 0,05: Diferença significativa em relação ao controlo; **; P <0,01: Diferença altamente significativa em relação ao controlo.

4.1.2. Variações do peso dos órgãos: fígado e rim.

O peso absoluto (PA) e o peso relativo (PA) dos órgãos-alvo, neste caso o fígado e os rins, foram estimados em ratos de controlo e tratados durante 30 dias.

Os resultados mostram que a administração de nitrato de cálcio a 800 mg/kg de peso corporal aumentou significativamente (p<0,01) os pesos absoluto e relativo do fígado. Verificou-se também um aumento muito altamente significativo da massa hepática absoluta e relativa (+17,50%; +13,33%, respetivamente) no grupo tratado com a dose .Relativamente ao peso absoluto e relativo dos rinsa análise dos resultados obtidos mostra que o nitrato de cálcio não teve qualquer efeito sobre o peso absoluto e relativo dos rins em comparação com o lote de controlo **(Tab. 4).**

Quadro 4. Alterações nos pesos absolutos (g) e relativos (g/100g PC) do fígado e dos rins nos ratos de controlo e nos ratos tratados com nitrato de cálcio 200 mg/kg (G2), nitrato de cálcio 400 mg/kg (G3), nitrato de cálcio 800 mg/kg (G4), após 30 dias de tratamento.

Grupos experimentais Parâmetros Controlo (G1) Nitrato de cálcio Nitrato de cálcio(G6) Nitrato de cálcio(G7)(G5)				
Peso absoluto do fígado	**7,83±0,46**	**8,06±0,36**	**8,77±0,66****	**9,20±0,48*****
%	—	+2,94	+12,00	+17,50
Peso relativo do fígado	**2,70±0,14**	**2,79±0,14**	**3,01±0,24***	**3,06±0,17*****
%	—	+3,33	+11,48	+13 ,33
Peso absoluto dos rins	**0,67±0.05**	**0,68±0,04**	**0,69±0,04**	**0,72±0,05**
%	—	+1,49	+2,98	+7,46
Peso relativo dos rins	**0,23±0,01**	**0,24±0,02**	**0,24±0,02**	**0,24±0,02**
%	—	+4,35	+4,35	+4,35

Os valores são expressos como média ± DP (n = 7 ratos); * ; P< 0,05 : Diferença significativa em comparação com o controlo; ** ; P <0,01 : Diferença altamente significativa em comparação com o controlo; *** ; P< 0,001 Diferença muito altamente significativa em comparação com o controlo.

4.2. Efeitos do tratamento nos parâmetros hematológicos

Os resultados hemograma ou contagem de sangue (FNS) são apresentados no **Quadro 5**. Os nossos resultados mostram que o tratamento com nitrato de cálcio durante 30 dias provocou uma diminuição muito significativa (P<0,001) da hemoglobina, do hematócrito e dos glóbulos vermelhos (-6,59%; -6,22%; -12,92%, respetivamente) no grupo G4. <Por outro lado, registou-se um aumento altamente significativo (P 0,01) do VGM no mesmo grupo

Os nossos resultados também mostram que o tratamento dos ratos com ambos os fertilizantes durante 30 dias produziu um aumento altamente significativo (P < 0,01) dos glóbulos brancos no grupo tratado com a dose mais elevada. No entanto, foi observado um aumento dos linfócitos no grupo G4 (+19,82%) em comparação com o grupo de controlo.

Além disso, as análises estatísticas mostram que não houve variações significativas na CCMH e PLT em nenhum dos grupos tratados com os controlos.

Quadro 5. Alterações dos parâmetros hematológicos nos ratos de controlo e nos ratos tratados com nitrato de cálcio a 200 mg/kg (G2), nitrato de cálcio a 400 mg/kg (G3), nitrato de cálcio a 800 mg/kg (G4), após 30 dias de tratamento.

Parâmetros	Grupos experimentais			
	Controlo (G1)	**Nitrato de cálcio (G2)**	**Nitrato de cálcio (G3)**	**Nitrato de cálcio (G4)**
GB ($x10^3/\mu l$)	7,54±0,83	7,47±0,56	8,47±0,54*	8,89±0,38**
%	—	-0,93	+12,33	+17,90
GR ($x10^6/\mu l$)	8,90±0,41	8,67±0,51	8,27±0,37**	7,75±0,26***
%	—	-2,58	-7,08	-12,92
HB (g/dl)	16,84±0,53	16,56±0,53	15,90± 0,75*	15,73±0,34***
%	—	-1,66	-5,58	-6,59
Elevado (%)	45,36±0,67	44,93±1,07	43,89±0,94**	42,54±0,49**
%	—	-0,95	-3,24	-6,22
PLT ($x10^3/\mu l$)	578,43±44,55	572,86±81,83	559,29±47,42	556,14±43,23
%	—	-0,96	-3,31	-3,85
VGM (fl)	50 ,99±2,56	51,98±3,10	53,15±1,70	54,97±2,36**
%	—	+1,94	+4,24	+7,81
CCMH (pg)	37,14±1,25	36,86±1,19	36,25±2,05	36,98±0,89
%	—	-0,75	-2,40	-0,43
LY (%)	3,38±0,57	3,36±0,54	3,63±0,67	4,05±0,21**
%	—	-0,59	+7,40	+19,82
OM (%)	1,11±0,10	1,10±0,09	1,06±0,11	1,02±0,10
%	—	-0,90	-4,50	-8,11

Os valores são expressos como média ± DP (n = 7 ratos); * ; P< 0,05 : Diferença significativa em comparação com o controlo; ** ; P <0,01 : Diferença altamente significativa em comparação com o controlo; *** ; P< 0,001 Diferença muito altamente significativa em comparação com o controlo.

4.3. Efeitos do tratamento nos parâmetros bioquímicos

A gavagem oral de ratos com nitrato de cálcio provocou perturbações no metabolismo bioquímico. Os resultados observados após a determinação plasmática de parâmetros bioquímicos são apresentados nos **quadros 6.7.8.**

4.3.1. Efeitos do tratamento nos marcadores bioquímicos da função hepática

O efeito da gavagem oral de nitrato de cálcio durante 30 dias na atividade enzimática que reflecte a função hepática é apresentado no **Quadro 6.**

➢ **Proteínas totais**: Os resultados obtidos indicam que a administração de nitrato de cálcio a 400 e 800 mg/kg de peso corporal em ratos provocou uma diminuição altamente significativa ($p<0,001$) do teor de proteínas totais no plasma (-14,47%; -16,31%). Os ratos tratados apenas com a dose baixa não apresentaram diferenças significativas em comparação com os ratos de controlo **(Fig. 9).**

➢ **Albumina: A figura 9** mostra que o tratamento dos ratos com nitrato de cálcio na dose de 800 mg/kg provocou uma diminuição altamente significativa da albumina (-5,61%) e uma diminuição altamente significativa da albumina (-6,92%) em comparação com o grupo de controlo.

➢ **Transaminases**: Os nossos resultados mostram que a exposição dos ratos ao nitrato de cálcio a 800mg/kg provocou um aumento altamente significativo ($p<0,001$) do ASAT (+17,47%), acompanhado de um aumento altamente significativo ($p<0,01$) do ALAT (+16,46%) em comparação com os controlos, e nenhuma diferença significativa nos ratos tratados com a dose de 200mg/kg em comparação com os ratos de controlo **(Fig. 10).**

➢ **Fosfatase alcalina**: O tratamento de ratos com nitrato de cálcio a 800mg/kg aumentou a atividade da enzima fosfatase alcalina (+17,05%) de forma altamente significativa ($p<0,01$) **(Fig. 11).**

➢ **Bilirrubina total**: Os resultados apresentados na Figura 11 mostram um aumento significativo ($p<0,05$) deste nível nos ratos do grupo G4 em comparação com o grupo de controlo **(Fig. 11).**

➢

Quadro 6. Alterações dos biomarcadores séricos da função hepática nos ratos de controlo e nos ratos tratados com nitrato de cálcio 200 mg/kg (G2), nitrato de cálcio 400 mg/kg (G3), de cálcio 800 mg/kg (G4), após 30 dias de tratamento.

	Grupos experimentais			
	Controlo (G1)	Nitrato de cálcio (G5)	Nitrato de cálcio (G6)	Nitrato de cálcio (G7)
Proteína total (g/l)	71,17±5,18	64,37±8,17	60,87±4,09***	59,56±3,12***
%	—	-9,55	-14,47	-16,31
Albumina (g/l)	36,00±1,58	35,04±1,14	33,98±1,70*	33,51±1,27**
%	—	-2,67	-5,61	-6,92
ASAT (U/L)	114,64±16,29	111,73±10,30	123,37±5,35	134,67±5,29**
%	—	-2,54	+7,61	+17.47
ALT (U/L)	67,60±9,03	63,40±9,50	73,41±4,45	78,73±5,69**
%	—	-6,21	+8,59	+16,46
PAL (U/L)	117,16±5,46	118,31±10,02	129,67±5,41	137,14±7,40**
%	—	+0,98	+10,68	+17,05
Bilirrubina T (mg/l)	1,20±0,10	1,18±0,13	1,26±0,14	1,37±0,16*
%	—	-1,58	+4,90	+13,80

Os valores são expressos como média ± DP (n = 7 ratos); *; P< 0,05: Diferença significativa em comparação com o controlo; **; P <0,01: Diferença altamente significativa em comparação com o controlo; ***; P< 0,001 Diferença muito significativa em comparação com o controlo.

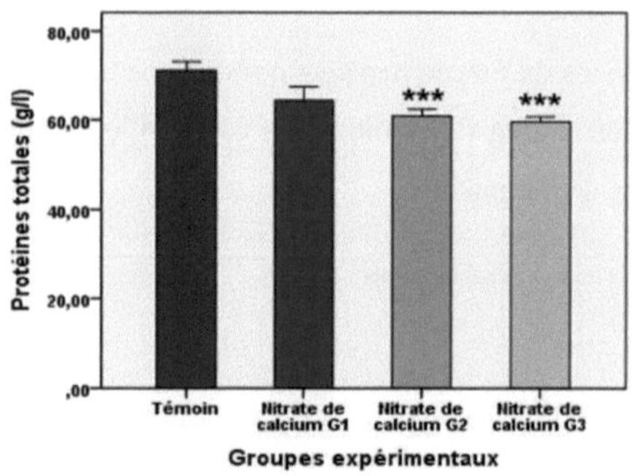

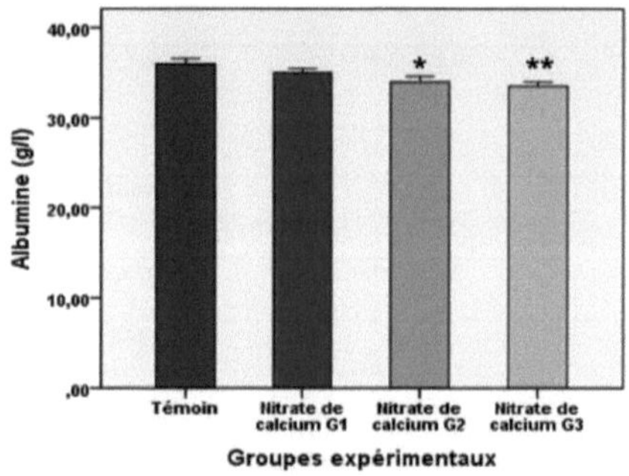

Figura 9. Alterações nas concentrações plasmáticas de proteínas totais e albumina em ratos de controlo e ratos tratados com nitrato de cálcio a 200 mg/kg (G2), nitrato de cálcio a 400 mg/kg (G3), de cálcio a 800 mg/kg (G4), após 30 dias de tratamento.

<<*** ; p 0,001 Diferença muito significativa em relação ao controlo; * ; p 0,05 : Diferença significativa em relação ao controlo; ** ; p,01 : Diferença muito significativa em relação ao controlo.

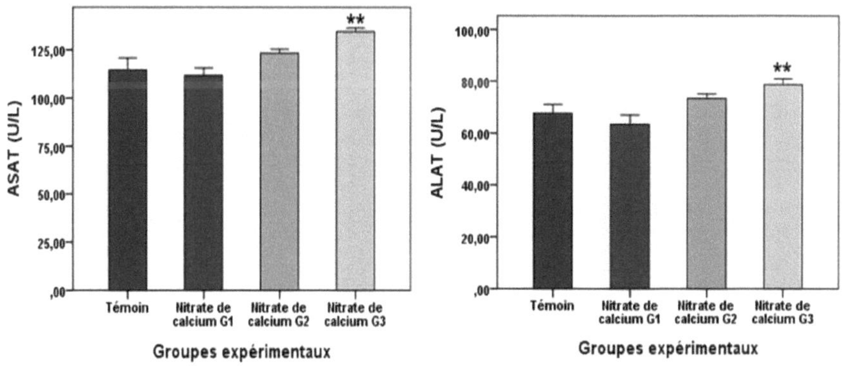

Figura 10. Alterações nas actividades enzimáticas AST e ALAT em ratos de controlo e ratos tratados com nitrato de cálcio a 200 mg/kg (G2), nitrato de cálcio a 400 mg/kg (G3), nitrato de cálcio a 800 mg/kg (G4), após 30 dias de tratamento.

*; $p < 0,05$: Diferença significativa em comparação com o controlo; **; $p < 0,01$: Diferença altamente significativa em comparação com o controlo.

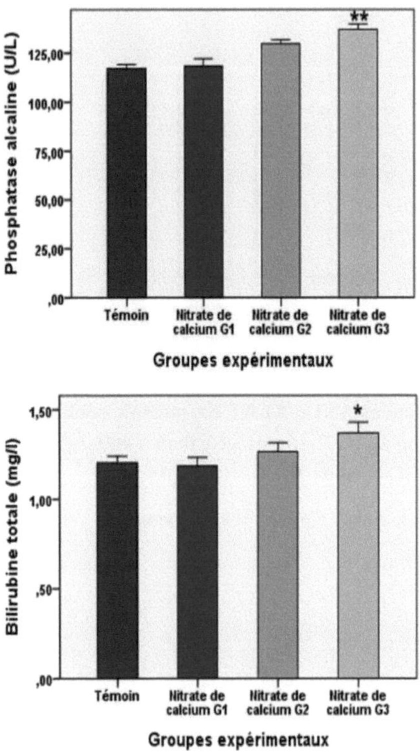

Figura 11. Alterações na atividade da enzima PAL e na concentração plasmática de bilirrubina total em ratos de controlo e ratos tratados com nitrato de cálcio a 200 mg/kg (G2), nitrato de cálcio a 400 mg/kg (G3), nitrato de cálcio a 800 mg/kg (G4), após 30 dias de tratamento.

* ; p<0,05 : Diferença altamente significativa em comparação com o controlo; *** ; p< 0,001 Diferença significativa em comparação com o controlo.

4.3.2. Efeitos do tratamento no metabolismo dos hidratos de carbono e no metabolismo dos lípidos

Os resultados apresentados no quadro 8 ilustram os níveis plasmáticos associados ao metabolismo energético (glicose, colesterol e triglicéridos).

➢ **Glicose:** De acordo com nossos resultados **(Fig. 12),** houve uma variação altamente significativa (p < 0,01) no grupo tratado com nitrato de cálcio (G4) (+11,61%). A comparação entre os grupos tratados com a dose baixa (200mg/kg) não mostrou diferenças significativas em relação ao grupo de controlo.

➢ **Colesterol:** Os resultados mostraram um aumento significativo dos níveis de colesterol plasmático nos grupos tratados com nitrato de cálcio a 800 mg/kg. A análise estatística não revelou nenhuma diferença significativa entre os grupos expostos ao fertilizante a 200 mg/kg **(Fig. 13).**

➢ <**Triglicéridos:** A concentração de triglicéridos no plasma foi significativamente aumentada (P 0,001) pelo nitrato de cálcio G4 (+26,47%) em comparação com o grupo de controlo. <Esta concentração aumentou significativamente (p 0,05) nos animais tratados com nitrato de cálcio a 400 mg/kg (+17,65) em comparação com os ratos não tratados. Não se registou qualquer variação no grupo G2 **(Fig. 13).**

Tabela 7. Variações dos parâmetros do metabolismo dos hidratos de carbono e dos lípidos nos ratos de controlo e nos ratos tratados com nitrato de cálcio a 200 mg/kg (G2), nitrato de cálcio a 400 mg/kg (G3), nitrato de cálcio a 800 mg/kg (G4), após 30 dias de tratamento.

Parâmetros	Grupos experimentais			
	Controlo(G1)	**Nitrato de cálcio (G2)**	**Nitrato de cálcio (G3)**	**Nitrato de cálcio (G4)**
Glicose no sangue (g/l)	**1,12± 0,07**	**1,16±0,09**	**1,21±0,05***	**1,25±0,05****
%	—	+03,57	+08,04	+11,61
Colesterol (g/l)	**0,96±0,08**	**0,96±0,07**	**1,04±0,05***	**1,11±0,04*****
%	—	+00 ,00	+08,34	+15,62
Triglicéridos (g/l)	**0,68±0,13**	**0,67±0,07**	**0,80±0,03***	**0,86±0,04****
%	—	-01,47	+17,65	+26,40

Os valores são expressos como média ± DP (n = 7 ratos); *; P< 0,05: Diferença significativa em comparação com o controlo; **; P <0,01: Diferença altamente significativa em comparação com o controlo; ***; P< 0,001 Diferença muito significativa em comparação com o controlo.

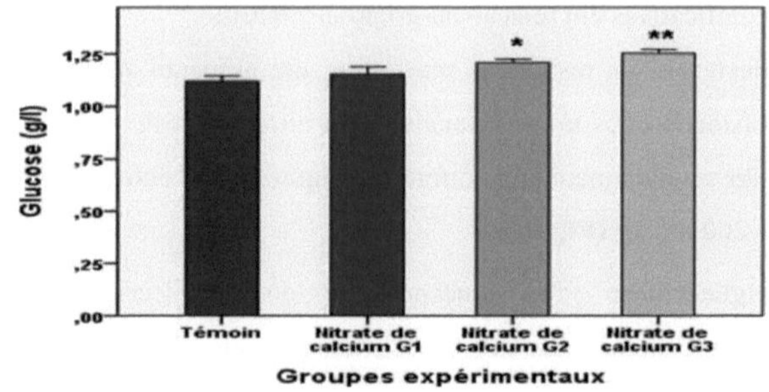

Figura 12. Alterações das concentrações plasmáticas de glucose nos ratos de controlo e nos ratos tratados com nitrato de cálcio 200 mg/kg (G2), nitrato de cálcio 400 mg/kg (G3), de cálcio 800 mg/kg (G4), após 30 dias de tratamento.

<* ; $p < 0,05$: Diferença significativa em relação ao controlo; ** ; $p < 0,01$: Diferença altamente significativa em relação ao controlo; *** ; p 0,001 Diferença muito altamente significativa em relação ao controlo.

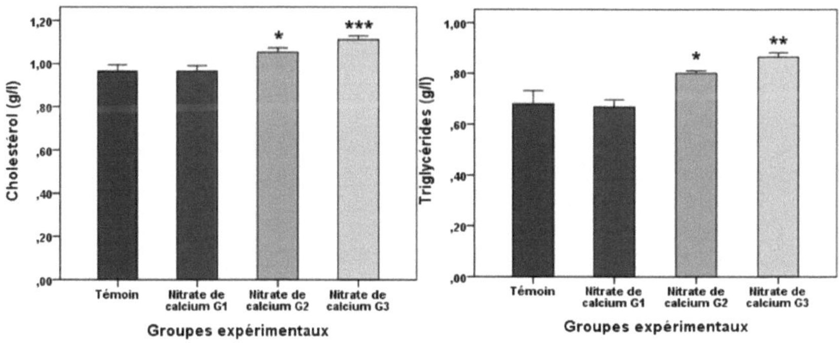

Figura 13. Alterações das concentrações plasmáticas de colesterol e triglicéridos nos ratos de controlo e nos ratos tratados com nitrato de cálcio a 200 mg/kg (G2), nitrato de cálcio a 400 mg/kg (G3), nitrato de cálcio a 800 mg/kg (G4), após 30 dias de tratamento.

<* ; p < 0,05 : Diferença significativa em comparação com o controlo; ** ; p <0,01 : Diferença altamente significativa em comparação com o controlo; *** ; p 0,001 Diferença muito altamente significativa em comparação com o controlo.

4.3.3. Efeito do tratamento nos marcadores bioquímicos da função renal

Os resultados obtidos após a medição dos marcadores plasmáticos associados à função renal (ureia, creatinina e ácido úrico) no final da experiência são apresentados na **tabela 8**.

➢ **Ureia:** Os nossos resultados mostram que os níveis de ureia no soro aumentaram de forma muito significativa ($P \leq 0,01$) nos ratos tratados com nitrato de cálcio (+07,50%). Não foi registada qualquer diferença significativa nos animais intoxicados com fertilizante a 200 e 400 mg/kg/dia em comparação com os controlos **(Fig. 14)**.

➢ **Creatinina:** Os resultados da **figura 14** mostram um aumento muito significativo ($P<0,01$) da concentração plasmática de creatinina (+18,48%; +11,21%) nos ratos tratados com nitrato de cálcio (G4). Não houve diferença significativa nos níveis de creatinina nos ratos tratados com os dois adubos (G2) e (G3) em comparação com o grupo de controlo (G1).

➢ **Ácido úrico:** Não foi registada qualquer variação significativa nos ratos tratados com nitrato de cálcio em comparação com o grupo de controlo **(Fig. 15)**.

Tabela 8. Alterações nos biomarcadores séricos da função renal em ratos de controlo e tratados após 30 dias de tratamento

Parâmetros	Grupos experimentais			
	Controlo(G1)	Nitrato de cálcio (G5)	Nitrato de cálcio (G6)	Nitrato de cálcio (G7)
Ureia (mg/dl)	40,20±02,72	40,50±02,66	41,58±02,26	43,49±02,41**
%	—	+00,00	+05,00	+07,50
Creatinina (mg/dl)	1,17±1,00	1,19±0,09	1,22±0,08	1,30±0,06**
%	—	+01,71	+04,27	+11,11
Ácido úrico (mg/dl)	4,75±0,54	4,59±0,49	4,94±0,44	5,31±0,44
%	—	-03,41	+03,94	+11,94

Os valores são expressos como média ± DP (n = 7 ratos); P <0,01: diferença altamente significativa em comparação com o controlo.

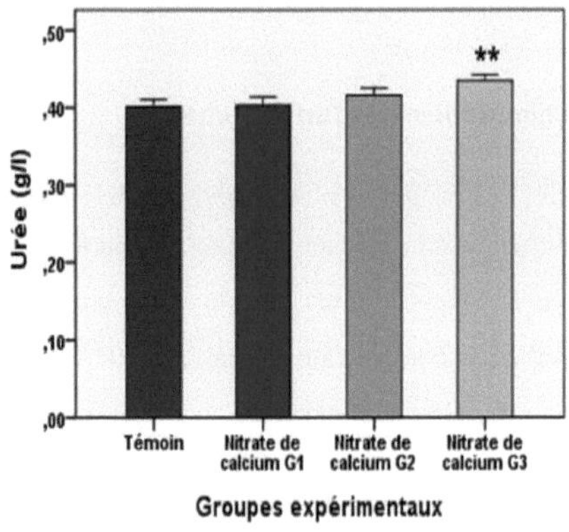

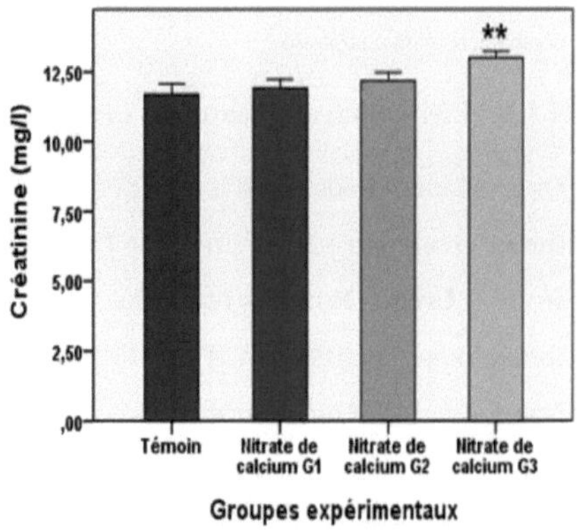

Figura 14. Alterações nas concentrações plasmáticas de ureia e creatinina nos ratos de controlo e nos ratos tratados com nitrato de cálcio 200 mg/kg (G2), nitrato de cálcio 400 mg/kg (G3), nitrato de cálcio 800 mg/kg (G4), após 30 dias de tratamento.

** p,01: diferença altamente significativa em comparação com o controlo.

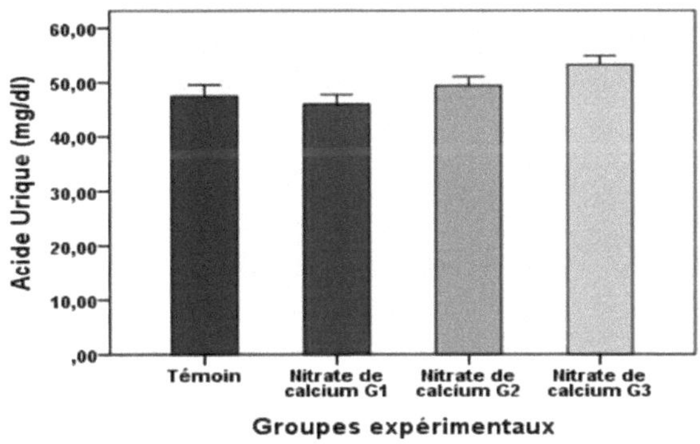

Figura 15. Alterações nas concentrações plasmáticas de ácido úrico em ratos de controlo e tratados com nitrato de cálcio a 200 mg/kg (G2), nitrato de cálcio a 400 mg/kg (G3), nitrato de cálcio a 800 mg/kg (G4), após 30 dias de tratamento.

4.4. Estudo histológico

4.4.1. Estudo histológico do fígado

A figura 16 mostra as alterações histopatológicas nos fígados de ratos machos após a exposição nitrato de cálcio nas doses indicadas (200, 400 e 800 mg/kg) durante 30 dias, em comparação com os ratos de controlo. O exame microscópico do tecido hepático (x100) de ratos não tratados (Fig.15. A. B) indicou que o parênquima hepático tinha uma disposição normal dos hepatócitos com sinusóides capilares visíveis. Não foram observados danos histológicos nos fígados do grupo tratado com nitrato de cálcio na dose baixa (200 mg/kg) em comparação com o grupo de controlo. A microscopia do fígado (x100) dos ratos expostos ao de cálcio nas doses de 400 e 800 mg/kg revelou uma dilatação considerável e congestão vascular, degeneração dos hepatócitos, hemorragia e vacuolização lipídica. Verificou-se igualmente uma infiltração mononuclear em comparação com o grupo de controlo **(Fig. 15. C. D. E. F).**

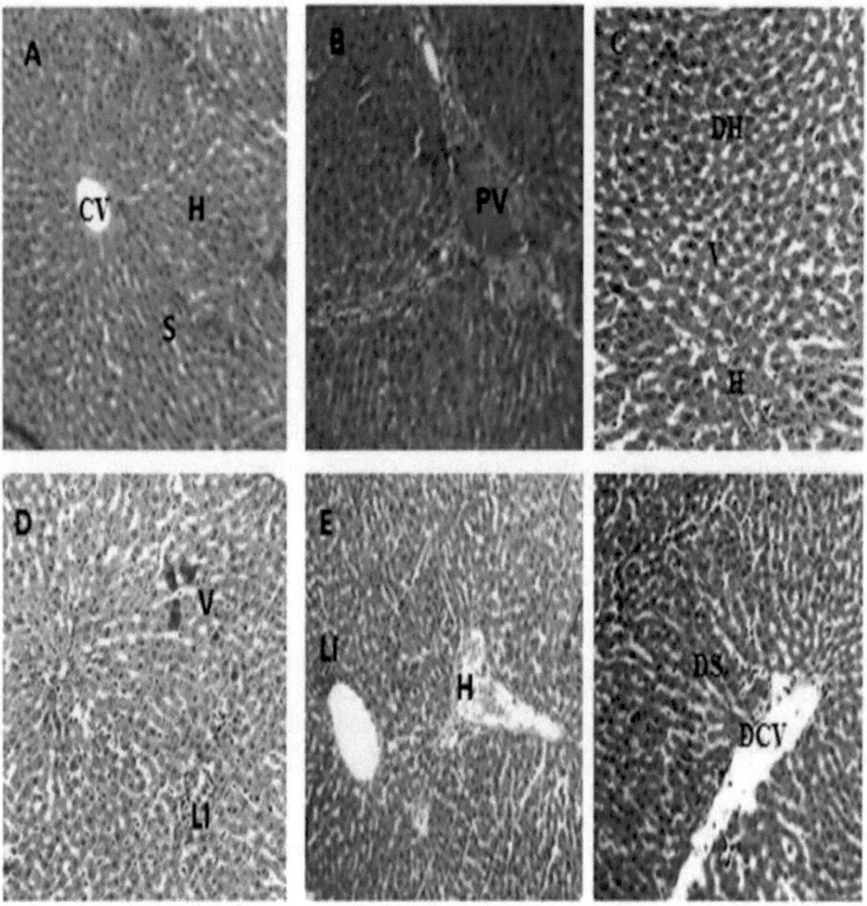

Figura 16. Secções histológicas de tecido hepático corado com H&E de ratos de controlo e de ratos tratados com nitrato de cálcio durante 30 dias. Nos ratos de controlo, as secções uma estrutura hepática normal **(A, B)** com hepatócitos **(H)**, veia centrolobular **(CLV)** e sinusóides **(S)**. Nos ratos tratados com nitrato de cálcio, o tecido hepático alterações graves **(C.D.E.F)**.

DH, degeneração dos hepatócitos; **V**, vacuolização; **H**, hemorragia; **LI**, infiltração leucocitária; **DVC**, dilatação da veia centrilobular; **DS**, dilatação dos sinusóides;

4.4.2. Estudo histológico dos rins

A observação microscópica do tecido renal (Gr. x 100) de ratos de controlo mostrou parênquima renal normal com glomérulos e túbulos renais bem definidos **(Fig. 17.A).** Em contraste, os animais tratados com nitrato de cálcio nas doses elevadas (400 e 800 mg/kg) mostraram danos histopatológicos, incluindo atrofia glomerular associada a dilatação do espaço de Bowman e infiltração de células inflamatórias. Por outro lado, a hemorragia intra-glomerular e a congestão vascular foram claramente observadas no rim tratado com nitrato de cálcio **(Fig. 17. B. C. D).**

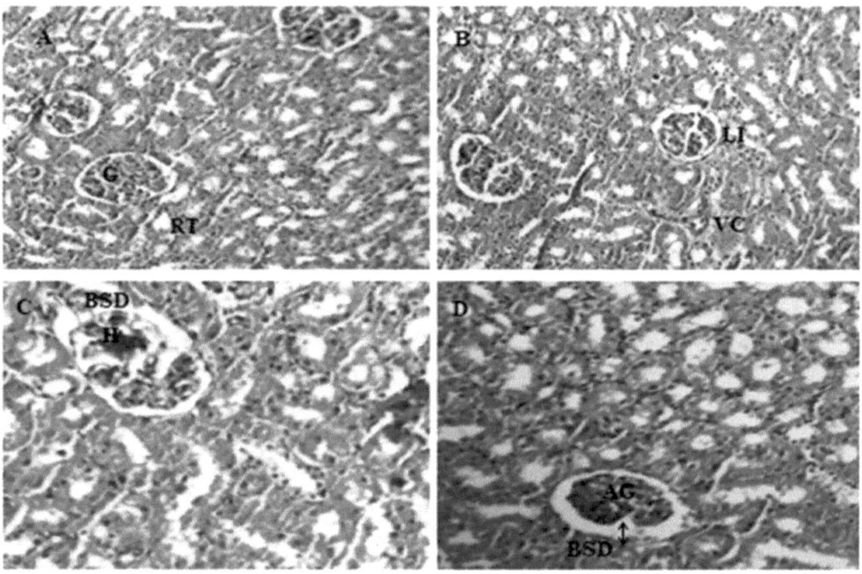

Figura 17. Secções histológicas de rim com coloração H&E de ratos de controlo e de ratos tratados com nitrato de cálcio durante 30 dias. Nos ratos de controlo, as secções mostram tecido renal normal com estrutura glomerular (G) e tubular distal e proximal (A). Nos ratos tratados com nitrato de cálcio, a microscopia mostrou alterações no tecido renal (B.C.D) (Gr. x 100).

AG, Atrofia glomerular; DSB Dilatação do espaço de Bowman; CV, Congestão vascular IL, infiltração de linfócitos; H, hemorragia.

5. DISCUSSÃO

A utilização extensiva de fertilizantes sintéticos tornou-se um problema de saúde que afecta todos os mamíferos. As principais causas de contaminação ambiental por nitratos são os fertilizantes orgânicos e químicos (OMS, 2006). Os componentes químicos dos fertilizantes influenciaram o processo de digestão e absorção, bem como a utilização metabólica dos alimentos ingeridos (Weil & McCollister, 1963; OCDE, 2000). Os nitratos podem lixiviar para as águas subterrâneas a partir de fertilizantes aplicados no solo ou de excrementos de animais, contaminando as reservas de água potável (Lockhart, 2013). A toxicidade dos nitratos representa uma séria ameaça para os animais e os seres humanos. Neste contexto, avaliámos a toxicidade potencial de um fertilizante azotado, o nitrato de cálcio, em ratos.

O estudo do peso corporal é um critério importante para avaliar os efeitos tóxicos dos xenobióticos, uma vez que as variações do peso corporal podem ser atribuídas a uma alteração das reacções bioquímicas induzidas pela toxicidade (Mansour & Mossa, 2010). Nas nossas condições experimentais, o consumo de água contaminada com nitrato de cálcio provocou um desequilíbrio fisiológico marcado essencialmente por um aumento significativo do peso corporal. Este facto foi explicado pela acumulação do poluente no tecido adiposo, apesar de se saber que o nitrato tem um efeito no peso corporal provocando um aumento do catabolismo proteico que pode ser necessário para satisfazer os requisitos energéticos durante a desintoxicação (Al Ayed, 2000; Nujić & Habuda-Stanić, 2017). Estes dados discordam do trabalho de Rouag et *al.* (2020), que encontraram uma diminuição do peso corporal após a exposição de ratos ao nitrato de sódio. Por outro lado, o trabalho realizado por Messaadia et *al.* (2013) não mostra nenhuma alteração significativa no crescimento fisiológico de ratos tratados com nitrato de amónio, em comparação com grupo de controlo. Da mesma forma, Gueroui e Kechrid (2016) mostraram que a administração de de prata na água de beber a uma taxa de 20 mg/l durante 3 meses em ratos machos não afectou a sua taxa de crescimento.

A estimativa do peso dos órgãos é um bom indicador na investigação toxicológica para avaliar os efeitos nocivos dos xenobióticos (Bailey et *al.*, 2004, Sellers et *al.*, 2007). Os nossos resultados mostraram que 30 dias de exposição ao nitrato de cálcio causaram um aumento considerável do peso relativo do fígado, o que implica que o consumo de nitrato de cálcio pode causar hepatomegalia. Esta hipertrofia pode explicada pela sobre-excitação dos mecanismos de desintoxicação em resposta ao efeito nocivo do nitrato. Além disso, os nossos resultados estão de acordo com os de (Lee et *al.*, 2020), que relataram um aumento do rácio hepatossomático homens que receberam 1000 mg/kg/dia de nitrato de amónio. Do mesmo modo, (Bouaziz-Ketata et *al.*, 2014) relataram um aumento do peso relativo do fígado em ratos tratados com NaNO3 durante 7 semanas.

Entre as alterações bioquímicas produzidas pelo tratamento com nitrato de cálcio em ratos, registou-se uma diminuição considerável dos níveis de proteínas totais no sangue. Os ratos adultos tratados com nitrato de sódio na água de beber a concentrações de 550 mg/L durante quatro meses apresentaram resultados semelhantes (Azza et *al.*, 2011). Além disso, a diminuição das proteínas séricas totais deve-se principalmente aos efeitos do nitrato no fígado, quer através de alterações necróticas, quer através de outros mecanismos (Anthony et *al.*, 1994). A administração de nitrato de cálcio a ratos durante 30 dias provocou um aumento das transaminases (AST, ALT), da PAL e da bilirrubina, bem como uma diminuição das proteínas totais, nomeadamente da albumina. Uma vez que estes marcadores são frequentemente considerados cruciais na determinação da lesão hepática, este facto sugere uma lesão das células hepáticas. Os nossos resultados são consistentes com informações previamente publicadas por (Messaadia et *al.*, 2013; Fouad et *al.* ,2017; Kattiaa et *al.*, 2017). Além disso, um aumento nos níveis de ALT e ASAT no sangue foi sugestivo de lesão hepática e função hepática prejudicada. Estas enzimas são os indicadores mais sensíveis diretamente envolvidos na extensão dos danos celulares e da toxicidade, tal como discutido anteriormente. São difundidas no sangue após a lesão celular porque são de natureza citoplasmática (krim et *al.* ,2013). O aumento da atividade destas enzimas no soro de ratos que receberam nitrato de cálcio pode estar associado à necrose e à alteração da permeabilidade das membranas, levando fugas do tecido hepático. Em experiências anteriores, verificou-se que os ratos que receberam nitrato de amónio (Messaadia et *al.* ,2013) ou nitrato de sódio (Delgadoa et *al.* ,2018) apresentavam níveis mais elevados de ASAT e ALAT.

Os nossos resultados demonstraram claramente um aumento significativo da concentração de glicose em ratos tratados com nitrato de cálcio, o que é consistente com os resultados de (Azzez et *al.*, 2011; Delgadoa et *al.* ,2018). O aumento dos níveis de glicose no sangue é provavelmente explicado pela estimulação do fenómeno da

glicogenólise, que permite a libertação de glicose pela glicogénio fosforilase sob ação amilase (Hijmans et *al.,* 2014). Numerosos estudos europeus estabelecer uma forte ligação entre a concentração de nitratos na água potável e a diabetes insulino-dependente, aumentando a glicose no sangue e diminuindo o glicogénio hepático (IDD). Em comparação, os dados são escassos e contraditórios (Moltchanova et *al.*
,2004). Os resultados obtidos revelam um aumento muito significativo das concentrações séricas de colesterol e de triglicéridos, e esta hiperlipidemia pode ser explicada pelo hipotiroidismo (Jublanc & Bruckert, 2004; Pearce, 2004). Em animais, estudos experimentais mostraram que o nitrato inorgânico é um agente goitrogénico de curta duração que provoca hipertrofia das células epiteliais da glândula tiroide (Gatseva & Argirova, 2008). Estes resultados estão em consonância com os trabalhos de (Boukerche et *al.*, 2007; Messaadia et *al,* 2013).

A creatinina, a ureia e o ácido úrico são produtos residuais produzidos pelo metabolismo das proteínas e eliminados pelos rins (Tootian et *al*., 2012), sendo geralmente utilizados como indicadores da função renal. Os presentes resultados também revelaram um aumento da ureia, da creatinina e do ácido úrico em resposta à toxicidade do nitrato de cálcio. Resultados semelhantes foram obtidos por Messaadia et *al* (2013). O aumento dos níveis séricos de ureia, ácido úrico e creatinina sugeriu uma função renal comprometida. Estas alterações podem ser atribuídas a mudanças no limiar de reabsorção, no fluxo sanguíneo renal e na filtração glomerular.

Os resultados do presente trabalho indicaram que o nitrato de cálcio induz alterações histopatológicas no fígado. O fígado pode apresentar congestão das veias, infiltração de células mononucleares, vacuolização citoplasmática dos hepatócitos e degeneração gordurosa. Do mesmo modo, relatórios anteriores demonstraram alterações no tecido hepático de ratos adultos (Bouaziz-Ketata et *al.* 2014; Kattaia et al. (2017); Delgadoa et *al.*
,2018). Os resultados actuais mostraram que o tratamento com $NaNO_3$ resultou em dilatação tubular renal, atrofia glomerular e infiltração de leucócitos. Anwar & Mohamed (2015) relataram atrofia glomerular e congestão dos vasos sanguíneos renais em rins de ratos tratados 500 mg/L $NaNO_3$ durante 4 e 6 semanas.

6. ANÁLISE E PERSPECTIVAS

A utilização extensiva fertilizantes sintéticos na agricultura tem consequências importantes para o ambiente e a saúde humana. O impacto destes fertilizantes na qualidade dos solos, na biodiversidade, na qualidade da água e na saúde dos ecossistemas é motivo de preocupação. Os consumidores também enfrentam riscos para a saúde devido à presença de resíduos químicos nos frutos e produtos hortícolas cultivados com estes fertilizantes. A qualidade nutricional das frutas e dos produtos hortícolas pode ter sido reduzida em consequência da utilização excessiva de adubos químicos, o que significa que os consumidores podem não obter o mesmo valor nutricional ao consumi-los. Além disso, os consumidores podem ser expostos a substâncias tóxicas presentes nos adubos químicos, que podem causar problemas de saúde, desequilíbrios hormonais, perturbações do desenvolvimento e efeitos cancerígenos.

Os resultados do presente estudo indicam que a gavagem oral de doses elevadas de adubos é capaz de induzir efeitos adversos em órgãos viscerais como o fígado e os rins dos ratos, resultando num aumento dos marcadores bioquímicos e enzimáticos da função hepática e renal, que são também revelados por provas histopatológicas.

A administração de nitrato de cálcio em ratos causou perturbações crescimento geral dos ratos, como evidenciado por um aumento significativo do peso corporal acompanhado por um aumento dos pesos absolutos e relativos do fígado e dos rins.

Os nossos resultados obtidos após o tratamento de ratos com nitrato de cálcio em doses crescentes de 200, 400 e 800 mg/kg podem ser resumidos da seguinte forma:

- Aumento do peso corporal com aumento do peso relativo e absoluto do fígado
- As alterações dos parâmetros hematológicos reflectem-se numa diminuição do número de glóbulos vermelhos, da hemoglobina e do hematócrito e num aumento do volume corpuscular médio, indicando o início de uma anemia macrocítica;
- Perturbações dos parâmetros bioquímicos e dos biomarcadores hepáticos, renais e metabólicos, confirmando o efeito hepatotóxico e nefrotóxico do nitrato de cálcio;
- As alterações do tecido hepático e renal são claramente reveladas nas secções histológicas.

Os nossos resultados confirmam a toxicidade dos adubos em diferentes doses em ratos sobre a função hepática e renal.

No futuro, seria interessante desenvolver este trabalho de investigação a fim de aprofundar os nossos conhecimentos. Espera-se :

✓ Avaliar a toxicidade dos adubos durante períodos mais longos com outras doses de adubo (nitrato de cálcio), a fim evidenciar os efeitos nocivos crónicos.

✓ Estudar as capacidades de desintoxicação medindo parâmetros como o radical óxido nítrico, a SOD, a GR, o rácio (GSH/GSSG, etc.) e as proteínas de stress: Heat Shock Protein (HSP).

✓ Estudar o potencial de desintoxicação dos fertilizantes por certas plantas medicinais e testar as suas propriedades fitoterapêuticas num modelo de laboratório (ratos ou outro).

✓ Prosseguir a investigação sobre o modo de ação dos adubos in vivo com estudos mais aprofundados (estudos de genotoxicidade para procurar danos no ADN ou estudos de biologia molecular para descobrir se os danos no ADN são desencadeados diretamente).

REFERÊNCIAS BIBLIOGRÁFICAS

Agbenin, J. O. (2020). A Química Ambiental de Solos e Sedimentos. Princípios e aplicações: 277-313.

Ahmed, M., Rauf, M., Mukhtar, Z., & Saeed, N. A. (2017). Uso excessivo de fertilizantes nitrogenados: um desconhecimento que causa sérias ameaças ao meio ambiente e à saúde humana. Environmental Science and Pollution Research, 24(35), 26983-26987. https://doi.org/10.1007/s11356-017-0589-7

Al-Ayed, M. I. (2000). Toxicidade da água potável com diferentes níveis de nitrato. Jornal - Sociedade Alemã Egípcia de Zoologia, 31(A), 197-210.

Amanullah, A.; Iqbal, A.; Ali, S.; Fahad, S.; Parmar, B. (2016). A fonte de nitrogênio e o gerenciamento da taxa melhoram a produtividade do milho de pequenos agricultores em climas semiáridos. *Front. Plant Sci. 7*, 1773. https://doi.org/10.3389/fpls.2016.01773.

Anthony, M. L., Gartland, K. P., Beddell, C. R., Lindon, J. C., & Nicholson, J. K. (1994). Estudos sobre a toxicologia bioquímica do nitrato de uranilo no rato. Archives of toxicology, 68(1). https://doi.org/10.1007/s002040050028

Anwar, M. M., & Mohamed, N. E. (2015). Melhoria dos distúrbios das funções hepáticas e renais induzidos por nitrato de sódio em ratos usando óleo de gérmen de trigo. Journal of Radiation Research and Applied Sciences, 8(1), 77-83. https://doi.org/10.1016/j.jrras.2014.11.004

Aoun, M., El Samrani, A. G., Lartiges, B. S., Kazpard, V., & Saad, Z. (2010). Libertações da indústria de fertilizantes fosfatados no ambiente circundante: Investigação sobre metais pesados e polónio-210 no solo. Journal of Environmental Sciences, 22(9), 1387-1397. https://doi.org/10.1016/S1001-0742(09)60247-3

Assefa, S., & Tadesse, S. (2019). O principal papel do fertilizante orgânico nas propriedades do solo e na produtividade agrícola - uma revisão. Agri Res and Tech: Open Access J, 22(2), 556192. https://doi.org/10.19080/ARTOAJ.2019.22.556192

Azzez OH, Mahmood MB & Hassan. (2011). Efeito do envenenamento por nitrato em alguns parâmetros bioquímicos em ratos. Iraqui J Vet Sci, 25 (2): 47-50.

Băcanu, C.S., Cristina, S.D., Iuliana Manuela, D.I. & Silvius, S. (2019). Produção agrícola, qualidade do solo e fertilizante usado no condado de Braila, Romênia. Pesquisa em Agricultura e Agronomia. https://doi.org/10.5171/2019.970358.

Bailey, S. A., Zidell, R. H., & Perry, R. W. (2004). Relações entre o peso dos órgãos e o peso do corpo/cérebro no rato: qual é o melhor parâmetro analítico. Toxicologic pathology, 32(4), 448-466. https://doi.org/10.1080/01926230490465874

Barabasz, W., Albinska, D., Jaskowska, M., & Lipiec, J. (2002). Efeitos biológicos da fertilização com azoto mineral nos microorganismos do solo. Jornal Polaco de Estudos Ambientais, 11(3), 193- 198.

Bartholomew, B., & Hill, M. J. (1984). The pharmacology of dietary nitrate and the origin of urinary nitrate. Food and Chemical Toxicology, 22(10), 789-795. https://doi.org/10.1016/0278- 6915(84)90116-9

Bessaoud, O., Pellissier, J. P., Rolland, J. P., & Khechimi, W. (2019). Relatório de síntese sobre a agricultura na Argélia (Dissertação de doutoramento, CIHEAM-IAMM). p. 82.

Beusen, A. H., Bouwman, A. F., Van Beek, L. P., Mogollón, J. M., & Middelburg, J. J. (2016). O transporte global de N e P dos rios para o oceano aumentou durante o século XX, apesar do aumento da retenção ao longo do continuum aquático. Biogeosciences, 13(8), 2441-2451. https://doi.org/10.5194/bg-13-2441-2016

Bhat, J. A., Shivaraj, S. M., Singh, P., Navadagi, D. B., Tripathi, D. K., Dash, P. K., ... & Deshmukh, R. (2019). Papel do silício na mitigação do estresse de metais pesados em plantas cultivadas. Plantas, 8(3), 71. https://doi.org/10.3390/plants8030071

Bindraban, P. S., Dimkpa, C. O., & Pandey, R. (2020). Explorando fertilizantes de fósforo e estratégias de fertilização para melhorar a saúde humana e ambiental. Biology and Fertility of Soils, 56(3), 299-317. https://doi.org/10.1007/s00374-019-01430-2

Bliefert C., e Perraud R., (1997). Química Ambiental: Air, Eau, Sols, Déchets. 1st ed. Espanha. 477p

Bouaziz-Ketata, H., Salah, G. B., Salah, H. B., Marrekchi, R., Jamoussi, K., Boudawara, T.,

... & Zeghal, N. (2014). Alterações bioquímicas e histopatológicas induzidas por nitrato no fígado de ratos: efeito ameliorador de Hyparrhenia hirta. Ciências Biomédicas e Ambientais, 27(9),

695- 706. https://doi.org/10.3967/bes2014.105

Boukerche, S., Aouacheri, W., & Saka, S. (2007). Les effets toxiques des nitrates: étude biologique chez l'homme et chez l'animal. In Annales de biologie Clinique (Vol. 65, No. 4, pp. 385-391). https://doi.org/10.1684/abc.2007.0136

Boyd, C. E. (1981). Solubilidade de fertilizantes inorgânicos granulares para tanques de peixes. Transactions of the American Fisheries Society, 110(3), 451-454. https://doi.org/10.1577/1548- 8659(1981)110%3C451:SOGIFF%3E2.0.CO;2

Bünemann, E. K., Bongiorno, G., Bai, Z., Creamer, R. E., De Deyn, G., de Goede, R., ... & Brussaard, L. (2018). Qualidade do solo - uma revisão crítica. Biologia e Bioquímica do Solo, 120, 105-
125. https://doi.org/10.1016/j.soilbio.2018.01.030

Caldow, G. L., & Wain, E. B. (1991). Urea poisoning in suckler cows (Intoxicação por ureia em vacas em aleitamento). The Veterinary Record, 128(21), 489-491.

Campagnolo, E. R., Kasten, S., & Banerjee, M. (2002). Accidental ammonia exposure to county fair show livestock due to contaminated drinking water. Veterinary and human toxicology, 44(5), 282-288.

Cao, Y., Halane, M. K., Gassmann, W., & Stacey, G. (2017). O papel da imunidade inata da planta na simbiose leguminosa-rhizobium. Annu. Rev. Plant Biol, 68, 535-561.

Carvalho, F. P. (2006). Agricultura, pesticidas, segurança alimentar e segurança dos alimentos. Environmental science & policy, 9(7-8), 685-692. https://doi.org/10.1016/j.envsci.2006.08.002

**Chowdhury, S.P., Babin, D., Sandmann, M., Jacquiod, S., Sommermann, L., Sørensen, S. J.,
... & Grosch, R. (2019).** Efeito das estratégias de fertilização orgânica e mineral de longo prazo na assembléia da microbiota da rizosfera e no desempenho da alface. Microbiologia ambiental, 21(7), 2426-2439. https://doi.org/10.1111/1462-2920.14631

Clarkson, D. T., & Hanson, J. B. (1980). The mineral nutrition of higher plants. Revisão Anual de Fisiologia Vegetal, 31: 239-298

Conijn, J. G., Bindraban, P. S., Schröder, J. J., & Jongschaap, R. E. E. (2018). Pode o nosso sistema alimentar global satisfazer a procura de alimentos dentro dos limites planetários? Agriculture, Ecosystems & Environment, 251, 244-256. https://doi.org/10.1016/j.agee.2017.06.001

Darriet, F., & Corbel, V. (2008). Influência de fertilizantes NPK oviposição de Aedes aegypti. *Parasite*, *15*(1): 89-92. https://doi.org/10.1051/parasite/2008151089

Davidson, E. A., & Kanter, D. (2014). Inventários e cenários de emissões de óxido nitroso. Environmental Research Letters, 9(10), 105012 http://dx.doi.org/10.1088/1748-9326/9/10/105012

Davis, K. F., Gephart, J. A., Emery, K. A., Leach, A. M., Galloway, J. N., & D'Odorico, P. (2016). Atender à demanda futura de alimentos com os recursos agrícolas atuais. Global Environmental Change, 39, 125-132. https://doi.org/10.1016/j.gloenvcha.2016.05.004

Delgado, M. G., Zamora, A. G., Gonsebatt, M. E., Mata, E. M., Vargas, G. G., Rincón, E. C., & Morales, R. P. (2018). A intoxicação subaguda com nitrato de sódio induz alterações hematológicas e bioquímicas e lesão hepática em ratos Wistar machos. Ecotoxicologia e Segurança Ambiental, 166, 48-55. https://doi.org/10.1016/j.ecoenv.2018.09.060

Delgado-Baquerizo, M., Oliverio, A. M., Brewer, T. E., Benavent-González, A., Eldridge, D. J., Bardgett, R. D., ... & Fierer, N. (2018). Um atlas global das bactérias dominantes encontradas no solo. Science, 359(6373), 320-325. https://doi.org/10.1126/science.aap9516

Demers, I. (2008). Formes et disponibilité du phosphore de composts utilisés comme amendements de sols agricoles, para o grau de Master of Science (M. Se.), Laval (Québec), 92p.

Diallo, L. (2002). Efeito da ureia e do estrume no rendimento do milho. Tese de opção de Engenheiro de Desenvolvimento Rural/Agronomia. IDRfUPB. Burkina .54p.

Drouet, TH. (2010). Pédologie, BING-F-302. Ed. Lagev, 140p.durante a incubação sobre a dessorção do fósforo do solo. Soil Sci.350-355.

Drury, C. F., Findlay, W. I., & McKenney, D. J. (1992). Produção de óxido nítrico e óxido nitroso a partir do solo: efeitos da água e do oxigénio. Soil Science Society of

America Journal, 56(3), 766-770. https://doi.org/10.2136/sssaj1992.03615995005600030015x

Du, S. T., Zhang, Y. S., & Lin, X. Y. (2007). Acumulação de nitrato em vegetais e suas possíveis implicações para a saúde humana. Agricultural Sciences in China, 6(10), 1246-1255. https://doi.org/10.1016/S1671-2927(07)60169-2

East, N. E. (1993). Intoxicação acidental por fertilizante superfosfato em ovelhas prenhes. Journal of the American Veterinary Medical Association, 203(8), 1176-1177.

EFMA (1997). Fertilizantes - Uma Introdução. www.efma.org/introduction/index.aspAssociação Europeia de Fabricantes de Fertilizantes (EFMA). http:// . (acedido em 10 de dezembro de 2005).

Elahi, E., Weijun, C., Zhang, H., & Nazeer, M. (2019). Intensificação agrícola e danos à saúde humana em relação aos agroquímicos: Aplicação da inteligência artificial. Política de uso da terra, 83, 461-474. https://doi.org/10.1016/j.landusepol.2019.02.023

Elbl, J., Maková, J., Javoreková, S., Medo, J., Kintl, A., Lošák, T., & Lukas, V. (2019). Resposta das atividades microbianas no solo a vários orgânicos e minerais

J.B Baillière, Paris. 344p

Erkekoglu, P., & Baydar, T. (2010). Avaliação do efeito protetor do ácido ascórbico nas alterações de nitrito como indicador da qualidade do solo. Agronomia, 9(9), 485 https://doi.org/10.3390/agronomy9090485.

ELIARD, J.L. (1979). Manuel d'agriculture générale, base de la production végétale. Citotoxicidade e genotoxicidade induzidas por Ed e nitrosaminas numa linha de hepatoma humano. Toxicology mechanisms and methods, 20(2), 45-52. https://doi.org/10.3109/15376510903583711

FAO (2017). World fertilizer trends and outlook to 2020, Organização das Nações Unidas para a Alimentação e a Agricultura. Roma.

FAO (2017). *The Future of Food and Agriculture-Trends and Challenges*; FAO: Roma, Itália, Disponível em linha: **http://www.fao.org/3/i6583e/i6583e.pdf** (acedido em 1 de dezembro de 2020).

Fewtrell, L. (2004). Drinking-water nitrate, methemoglobinemia, and global burden of : a discussion. *Environmental health perspectives*, *112*(14), 1371-1374.

Filipović, V., Petošić, D., & Nakić, Z. (2013). Presença de nitratos nas águas subterrâneas: Fontes e processos Prisutnost nitrata u podzemnim vodama: Izvori i procesi. Hrvatske vode, 21(84), 119- 128.

Fouad, SS., Mohi-Eldin, M., Haridy, M. & Khalil, A. (2017). Efeitos paliativos do ácido ascórbico (Vit. C) contra a toxicidade do nitrito de sódio em ratos albinos: estudos hematológicos, bioquímicos e histopatológicos. American-Eurasian J Toxicol Sci, 9 (1): 01 06. https://doi.org/10.5829/idosi.aejts.2017.01.06.

Francioli, D., Schulz, E., Lentendu, G., Wubet, T., Buscot, F., & Reitz, T. (2016). Emendas minerais vs. orgânicas: a estrutura da comunidade microbiana, a atividade e a abundância de micróbios relevantes para a agricultura são determinadas por estratégias de fertilização a longo prazo. Fronteiras em microbiologia, 7, 1446. https://doi.org/10.3389/fmicb.2016.01446

Gagnon, J. (2009). Impacto de diferentes formas azoto (Ureia, NH4+, NO3-) no crescimento das plantas e na lixiviação de fertilizantes. Actas da Sessão de Formação sobre a Nutrição Mineral das Plantas Florestais, DRF-MRNF, Québec, QC, Canadá, 72.

Garthwaite, J. (1991). Glutamato, óxido nítrico e sinalização célula-célula no sistema nervoso.

fator de disfunção da tiroide em crianças e mulheres grávidas que vivem em zonas rurais da Bulgária. International Journal of Hygiene and Environmental Health, 211(5-6), 555-559 https://doi.org/10.1016/j.ijheh.2007.10.002

Geisseler, D., & Trends in neurosciences, 14(2), 60-67. https://doi.org/10.1016/0166-2236(91)90022-M

Gatseva, P. D., & Argirova, M. D. (2008). Altos níveis de nitrato na água potável podem ser um risco **Scow, K. M. (2014).** Efeitos a longo prazo de fertilizantes minerais em microorganismos do solo - uma revisão. Soil Biology and Biochemistry, 75, 54-63. https://doi.org/10.1016/j.soilbio.2014.03.023

GIROUX, M. (1991). Comparação das fontes e dos modos de aplicação do fosforo e do azoto sobre o rendimento e a nutrição mineral do milho, Agrosol IV, (1) : 43 - 53.

Gouel, C., & Guimbard, H. (2019). Transição nutricional e a estrutura da demanda global de alimentos. American Journal of Agricultural Economics, 101(2), 383-403. https://doi.org/10.1093/ajae/aay03

Goyal, M. R. (2012). Gestão da irrigação por gotejamento/trégua ou micro irrigação. CRC Press

Green, L. C., Wagner, D. A., Glogowski, J., Skipper, P. L., Wishnok, J. S., & Tannenbaum, S.
R. (1982). Analysis of nitrate, nitrite, and [15N] nitrate in biological fluids. Analytical biochemistry, 126(1), 131-138. https://doi.org/10.1016/0003-2697(82)90118-X

Gueroui, M., & Kechrid, Z. (2016). Avaliação de alguns parâmetros bioquímicos e stress oxidativo cerebral em ratos experimentais expostos cronicamente ao nitrato de prata e o papel protetor da vitamina E e do selénio. Investigação toxicológica, 32(4), 301-309. http://dx.doi.org/10.5487/TR.2016.32.4.301

Gupta, D. K., Chatterjee, S., Datta, S., Veer, V., & Walther, C. (2014). Papel dos fertilizantes fosfatados na absorção de metais pesados e desintoxicação de metais tóxicos. Chemosphere, 108, 134- 144. https://doi.org/10.1016/j.chemosphere.2014.01.030

Gupta, D. K., Chatterjee, S., Datta, S., Veer, V., & Walther, C. (2014). Papel dos fertilizantes fosfatados na absorção de metais pesados e desintoxicação de metais tóxicos. Chemosphere, 108, 134-144. https://doi.org/10.1016/j.chemosphere.2014.01.030

Han, M., Wong, J., Su, T., Beatty, P. H., & Good, A. G. (2016). Identificação de genes de eficiência de uso de nitrogênio em cevada: busca de QTLs que controlam caraterísticas fisiológicas complexas. Frontiers in Plant Science, 7, 1587. https://doi.org/10.3389/fpls.2016.01587

Hartley, T. N., Macdonald, A. J., McGrath, S. P., & Zhao, F. J. (2013). Contaminação histórica do solo com arsénico devido a aplicações prolongadas de fertilizantes fosfatados. Environmental Pollution, 180, 259-264. https://doi.org/10.1016/j.envpol.2013.05.034

Hatterer, A. e Kessler, H., "POTASSIUM", Encyclopædia Universalis [em linha]acedido em 22 de junho de 2014. http://www.universalis.fr/encyclopedie/potassium

Haynes, R. J. (1985). Princípios de utilização de fertilizantes em culturas irrigadas por gotejamento. Fertilizer research, 6(3), 235-255. https://doi.org/10.1007/BF01048798

Hemalatha, S., Radhika, K., Maragatham, S., & Praveena Katharine, S. (2013). Influência da fertilização de longo prazo na fertilidade do solo: uma revisão. Pesquisa e Revisão: Revista de Agricultura e Ciências Afins, 2(3), 30-36.

Hibbs Jr, J. B. (1991). Síntese de óxido nítrico a partir da L-arginina: uma via recentemente descoberta induzida por citocinas com atividade antitumoral e antimicrobiana. Research in immunology, 142(7), 565-569. https://doi.org/10.1016/0923-2494(91)90103-P

Hijmans, B. S., Grefhorst, A., Oosterveer, M. H., & Groen, A. K. (2014). Zonação do metabolismo da glicose e dos ácidos graxos no fígado: mecanismo e consequências metabólicas. Bioquímica, 96, 121-129. https://doi.org/10.1016/j.biochi.2013.06.007

Hmelak Gorenjak, A., & Cencič, A. (2013). Nitrato em vegetais e seu impacto na saúde humana. Uma revisão. Ata alimentaria, 42(2), 158-172. https://doi.org/10.1556/aalim.42.2013.2.4

Hopkinns W. G, (2003). Fisiologia vegetal. Ed. de Boeck, Bélgica, 514p.

Horner, R. F. (1982). Suspeita de envenenamento de bovinos por fertilizantes à base de nitrato de amónio. The Veterinary Record, 110(20), 472-474. https://doi.org/10.1136/vr.110.20.472

Hossain, M.E., Shahrukh, S., Hossain, S.A. (2022). Fertilizantes químicos e pesticidas: impactos na degradação do solo, nas águas subterrâneas e na saúde humana no Bangladesh. In: Singh, V.P., Yadav, S., Yadav, K.K., Yadava, R.N. (eds) Environmental Degradation: Challenges and Strategies for Mitigation. Biblioteca de Ciência e Tecnologia da Água, vol. 104. Springer, Cham. https://doi.org/10.1007/978-3-030-95542-7_4

Houlot, R. (1984). Techniques d'histologie et de cytologie. Paris: Edition Maloine human disease: an overview. Methods Enzymol, 186, 1-85

Huang, J., Xu, C. C., Ridoutt, B. G., Wang, X. C., & Ren, P. A. (2017). Perdas de nitrogénio e fósforo e potencial de eutrofização associados à aplicação de fertilizantes em terras agrícolas na China. Journal of Cleaner Production, 159, 171-179. https://doi.org/10.1016/j.jclepro.2017.05.008

Huang, W. H., & Lin, J. L. (2004). Insuficiência renal aguda após ingestão de fertilizante contendo manganês. *Journal of Toxicology: Clinical Toxicology*, *42*(3), 305-307. https://doi.org/10.1081/CLT-120037433.

Huang, W. H., & Lin, J. L. (2004). Insuficiência renal aguda após ingestão de fertilizante contendo manganês. Journal of Toxicology: Clinical Toxicology, 42(3), 305-307. https://doi.org/10.1081/CLT-120037433

Ihedioha, J. I., & IDIKA, I. (2007b). Contaminação da água potável com níveis sub-letais baixos de fertilizantes inorgânicos: efeitos no ganho de peso corporal, no consumo de ração e água e nas percentagens de peso relativo dos órgãos. Produção Animal (NSAP), 32, 31-35.

Ihedioha, J. I., & Idika, I. K. (2007a). Anomalias hematológicas associadas à contaminação da água potável com baixas concentrações sub-letais de fertilizantes inorgânicos. In Proc 32nd Ann Conf Nig Soc Anim Prod 32: 27-30. Moller, 1995

Jublanc, C., & Bruckert, E. (2004). Hipotiroidismo e doença cardiovascular: papel de novos factores de risco e parâmetros de coagulação. In Seminars in Vascular Medicine (Vol. 4, No. 02, pp. 145- 151). Copyright© 2004 by Thieme Medical Publishers, Inc, 333 Seventh Avenue, New York, NY 10001 USA. https://doi.org/10.1055/s-2004-835372

Justnes, H. (2002). Nitrato de cálcio como inibidor de corrosão para betão armado. Innovations and Development in Concrete Materials and Construction, Thomas Telford Publishing, 391-401.

Justnes, H., & Nygaard, E. C. (1995). Nitrato de cálcio técnico como acelerador de presa para cimento a baixas temperaturas. Cement and Concrete Research, 25(8), 1766-1774.

Kattaia, A. A., Abd El-Baset, S. A., Mohamed, E. M., Abdul-Maksou, R. S., & Elfakharany,

Y. M. (2017). Mecanismos moleculares subjacentes às alterações histológicas e bioquímicas induzidas pelo nitrato no fígado de ratos e a eficácia da S-Allylcysteine. Ultrastructural Pathology, 41(1), 10-22. https://doi.org/10.1080/01913123.2016.1252821

Kéita C, (1985). Fumures minérales et Organiques. Dissertação de Doutoramento em Engenharia do Desenvolvimento Rural/Opção Agronomia. IDR/UO. Burkina Faso. 90p.

Kéita, C. (1985). Fumures minérales et organiques. *Mémoires d'ingénieur du*

Développement Rural. Opção: Agronomia. IDR/UO. Burkina Faso. 90p.

Khan, M. A., Sajid, M., Hussain, Z., Rab, A., Marwat, K. B., Wahid, F. I., & Bibi, S. (2013). Como o nitrogênio e o fósforo influenciam a fenologia do quiabo. Pakistan Journal of Botany, 45(2), 479-482.Goyal, 2012

Khan, R.A., Saxena, S.K. (1997). Gestão integrada do nemátodo das galhas Meloidogyne, javanica que infecta o tomateiro, utilizando materiais orgânicos e Paecilomyces lilacininus. Biores. Technol. 61, 247-250

Killingmo, O. H., & Luthman, J. (1968). Toxicidade do nitrato de cálcio para fertilizantes. Ata Agriculturae Scandinavica, 18(1-2), 80-86. https://doi.org/10.1080/00015126809435011

Krim, M., Messaadia, A., Maidi, I., Aouacheri, O., & Saka, S. (2013). Efeito protetor do gengibre contra a toxicidade induzida por cromato em ratos. Em Annales de biologie clinique (Vol. 71, No. 2, pp. 165-173).

Kumar, R., Kumar, R., & Prakash, O. (2019). Capítulo 5 - O impacto dos fertilizantes químicos no nosso ambiente e ecossistema. *Chief Ed*, *35*(69), 1173-1189.

Lavanya, K. R., Kadalli, G. G., Patil, S., Jayanthi, T., Naveen, D. V., & Channabasavegowda, R. (2019). Estudos de fracionamento de enxofre em solos de experimento de fertilizantes de longo prazo sob a sequência de cultivo de milheto e milho. Revista Internacional de Microbiologia Atual e Ciências Aplicadas, 8(9), 1334-1345.

Lazali, M., Brahimi, S., Benadis, C., & Drevon, J. J. (2020). Estratégias e mecanismos de adaptação das leguminosas à baixa disponibilidade de fósforo no solo. Revue Marocaine des Sciences Agronomiques et Vétérinaires, 8(3).

Leaf, C. D., Wishnok, J. S., & Tannenbaum, S. R. (1989). A L-arginina é um precursor da biossíntese de nitratos em humanos. Biochemical and biophysical research communications, 163(2), 1032- 1037. https://doi.org/10.1016/0006-291X(89)92325-5

Leclaire, A., & Monier, J. C. (1970). Structure cristalline du nitrate de calcium tetrahydrate, Comptes Rendus des Seances de l'Academie des Sciences. Serie C: Sci. Chim, 271, 1555-1557.

Lee, M. J., Chung, Y. H., Choi, H. Y., & Cha, H. G. (2020). Avaliação da toxicidade subcrónica de administração repetida de nitrato de amónio em ratos. Investigação Toxicológica, 36(2), 115-122.

Ley, D. H. (1986). Nitrite poisoning in herring gulls (Larus argentatus) and ring-billed gulls (Larus delawarensis). Journal of wildlife diseases, 22(3), 381-384. https://doi.org/10.7589/0090-3558- 22.3.381

Li, M., Wiedmann, T., & Hadjikakou, M. (2019). Rumo a indicadores de fronteira planetária baseados no consumo significativo: a pegada de excedência de fósforo. Global Environmental Change, 54, 227-238. https://doi.org/10.1016/j.gloenvcha.2018.12.005

Lindhauer, M. G. (1985). Influência da nutrição K e da seca nas relações hídricas e no crescimento do girassol (Helianthus annuus L.). Zeitschrift für Pflanzenernährung und Bodenkunde, 148(6), 654-669. https://doi.org/10.1002/jpln.19851480608

Lindhauer, M. G. (1985). The role of potassium in the plant with emphasis on stress conditions (water, temperature, salinity). Em *Proceedings of the Potassium Symposium. Pretória, outubro* (pp. 95-113).

Liu, Q., Xu, H., Yi, H. (2021). Impacto do fertilizante no rendimento da cultura e na estequiometria C: N: P em solo árido e semi-árido. *Int. J. Environ. Res. Public Health*, *18*, 4341. https://doi.org/10.3390/ijerph18084341.

Lockhart, K. M., King, A. M., & Harter, T. (2013). Identificação das fontes de contaminação das águas subterrâneas por nitratos numa grande bacia aluvial de águas subterrâneas com produção agrícola intensiva altamente diversificada. Journal de contaminante hydrology, 151, 140-154. https://doi.org/10.1016/j.jconhyd.2013.05.008

Luce, M. S., Whalen, J. K., Ziadi, N., & Zebarth, B. J. (2011). Dinâmica do nitrogênio e índices para prever o suprimento de nitrogênio do solo em solos temperados úmidos. Avanços em agronomia, 112, 55-102. https://doi.org/10.1016/B978-0-12-385538-1.00002-0

Lupatini, M., Korthals, G. W., De Hollander, M., Janssens, T. K., & Kuramae, E. E. (2017). O microbioma do solo é mais heterogéneo no sistema agrícola orgânico do que no convencional. Frontiers in microbiology, 7, 2064. https://doi.org/10.3389/fmicb.2016.02064

Majumder, A. K., Govindarajan, B., Sharma, T., Ray, H. S., & Rao, T. C. (1995). Um modelo empírico para a cloridização-torrefação de potássio em arenito glauconítico. International journal of mineral processing, 43(1-2), 81-89. https://doi.org/10.1016/0301-7516(94)00041-W

Mallem, L., Loukil, B., & Boulakoud, M.S. (2015). O efeito dos fertilizantes na saúde dos trabalhadores no ambiente ocupacional. Ecofisiologia e Toxicologia, 3(1) :16-21.

Mansour, S. A., & Mossa, A. T. H. (2010). Danos oxidativos, alterações bioquímicas e histopatológicas em ratos expostos a clorpirifos e o papel antioxidante do zinco. Pesticide Biochemistry and Physiology, 96(1), 14-23. https://doi.org/10.1016/j.pestbp.2009.08.008

Marschner, H. (1995). Mineral nutrition of higher plants. AcademicPress, Londres.

Mazzetto, A. M., Styles, D., Gibbons, J., Arndt, C., Misselbrook, T., & Chadwick, D. (2020).

Os factores de emissão específicos da região para o Brasil aumentam a estimativa das emissões de óxido nitroso provenientes de fertilizantes de azoto em 21%. Atmosférica Ambiente, 230, 117506. https://doi.org/10.1016/j.atmosenv.2020.117506

McLaughlin, M. J., Alston, A. M., & Martin, J. K. (1988). Ciclo de fósforo em rotações de trigo-pastagem. III. Rotatividade do fósforo orgânico e ciclo do fósforo. Soil Research, 26(2), 343-.

353. https://doi.org/10.1071/SR9880343

Mengel, K. (1997). Impact of potassium on crop yield and quality with regard to economic and ecological aspects. pp. 157-174 in Proceedings of the IPI Regional Workshop on: Segurança Alimentar na Região WANA, a Necessidade Essencial de Fertilização Equilibrada, Turquia Instituto Internacional da Potassa

Messaadia, A., Saka, S., Krim, M., Maidi, I., Aouacheri, O., & Djafer, R. (2013). A dieta suplementada com gengibre melhora o estresse oxidativo induzido por nitrato de amônio em ratos. Revista Africana de Biotecnologia, 12(40). https://doi.org/10.5897/AJB2013.13118

Moller, H. (1995). Adverse health effects of nitrate and its metabolites: epidemiological studies in humans. In *Potl Workshop, (Ed.), Health Aspects of Nitrates and its Metabolites (Particularly Nitrite), Council of Europe Press, Strasbourg Cedex, France* (pp. 255-268).

Moltchanova, E., Rytkönen, M., Kousa, A., Taskinen, O., Tuomilehto, J., & Karvonen for the Spat Study Group, M. (2004). Zinco e nitrato nas águas subterrâneas e a incidência de diabetes tipo 1 na Finlândia. Diabetic Medicine, 21(3), 256-261. https://doi.org/10.1111/j.1464- 5491.2004.01125.x

Moncada, S., Palmer, R. M., & Gryglewski, R. J. (1986). Mechanism of action of some inhibitors of endothelium-derived relaxing fator. Proceedings of the National Academy of Sciences, 83(23), 9164-9168. https://doi.org/10.1073/pnas.83.23.9164

Morel, C. (2002). Caracterização da fitodisponibilidade do fósforo do solo através da modelização da transferência iões fosfato entre o solo e a solução. de habilitação INRA Bordeaux 80p.

Morel, C., Tiessen, H. e Stewart, J. (1996). Sensibilidade aos períodos de equilíbrio da sorção de fosfato e métodos de troca isotópica que avaliam a relação Q/I nos solos. Soil Science, 161(7): 459-467.

Mylona, K.; Maragkoudakis, P.; Miko, L.; Bock, A.-K.; Wollgast, J.; Caldeira, S.; Ulberth,

F. (2018). Futuro da segurança alimentar e nutricional - Procurando ganhos, lidando com trade-offs. *Food Policy*, *74*, 143-146 https://doi.org/10.1016/j.foodpol.2017.12.002.

Nujić, M., & Habuda-Stanić, M. (2017). Nitratos e nitritos, metabolismo e toxicidade. Food Health Dis, 6, 63-73.

Olk, D. C., Samson, M. I., & Gapas, P. (2007). Inibição da mineralização do azoto em fracções húmicas jovens por decomposição anaeróbia de resíduos de culturas de arroz. European Journal of Soil Science, 58(1), 270-281. https://doi.org/10.1111/j.13652389.2006.00836.x

OMS. (2011). Organização Mundial de Saúde. Nitrate and nitrite in drinking-water, Genebra, Suíça: Imprensa da OMS, pp. 1-4.

OMS. (2006). Organisation nationale de santé. Nitrate and potential endogenous formation of N- nitroso compounds Food Additives Series: no 50 Who. Genebra, P1-9

Oram, B. (2015). Nitratos e nitritos em água potável e águas superficiais. Centro de Investigação da Água. http://www.waterresearch.net/index.php/nitrate [6.2.2018].

Organização para a Cooperação e Desenvolvimento Económico (OCDE). (2000). Guidance Notes for the Analysis and Evaluation of Repeat Dose Toxicity Studies (Notas de orientação para a análise e avaliação de estudos de toxicidade de doses repetidas). Série de Publicações sobre Ambiente, Saúde e Segurança sobre Ensaios e Avaliação, Direção Ambiente, OCDE, Paris, pp. 27-72.

Osunlaja, S.O. (1989). Efeito das alterações orgânicas do solo na incidência da doença da mancha castanha do milho causada por Physoderma maydis. J. Basic Microbiol. 29: 501-505

Pachauri, R. K., & Meyer, L. A. (2014). Alterações climáticas 2014: Relatório de síntese. Contribuição dos Grupos de Trabalho I, II e III para o Quinto Relatório de Avaliação do Painel Intergovernamental sobre Alterações Climáticas. IPCC, Genebra, Suíça, 151 pp.

Pahalvi, H.N., Rafiya, L., Rashid, S., Nisar, B., Kamili, A.N. (2021). Fertilizantes químicos e seu impacto na saúde do solo. Em: Dar, G.H., Bhat, R.A., Mehmood, M.A., Hakeem, K.R. (eds) Microbiota e Biofertilizantes, Vol 2. Springer, Cham.

https://doi.org/10.1007/978-3-030-61010-4_1

Pearce, E. N. (2004). Hipotiroidismo e dislipidemia: conceitos e abordagens modernas. Current cardiology reports, 6(6), 451-456. https://doi.org/10.1007/s11886-004-0054-3

Pereda Campos, M. V. (2008). Contribuição para o estudo dos transportadores de fosfato da família PHT1 em choupo (Populus trichocarpa Torr. & Gray) e no fungo ectomicorrízico Laccaria bicolor (Maire) P. D. Orton. Tese de doutoramento. Universidade Henri Poincaré, Nancy I. Especialidade: Biologie Végétale et Forestière. 140 p

Pereira, C., Ferreira, N. R., Rocha, B. S., Barbosa, R. M., & Laranjinha, J. (2013). A interação redox entre o nitrito e o óxido nítrico: Do intestino ao cérebro. Redox, 1(1), 276-284. https://doi.org/10.1016/j.redox.2013.04.004

Pierre, W. H. (1928). Fertilizantes nitrogenados e acidez do solo. I. Efeito de vários fertilizantes azotados na reação do solo.

Pierzynski, G. M., McDowell, R. W., & Thomas Sims, J. (2005). Química, ciclo e movimento potencial do fósforo inorgânico nos solos. *Phosphorus: Agriculture and the environment, 46*, 51-86. https://doi.org/10.2134/agronmonogr46.c3

Pierzynski, G.M., Sims, J.T. & Vance, G.F. (2000). Soils and Environmental Quality, 2ª ed. CRC Press, Boca Raton, FL. 459 p

Portmann, R. W., Daniel, J. S., & Ravishankara, A. R. (2012). Depleção do ozono estratosférico devido ao óxido nitroso: influências de outros gases. Philosophical Transactions of the Royal Society B: Biological Sciences, 367(1593), 1256-1264. https://doi.org/10.1098/rstb.2011.0377

Postma-Blaauw, M. B., Bloem, J., Faber, J. H., Van Groenigen, J. W., De Goede, R. G., & Brussaard, L. (2006). A composição das espécies de minhocas afecta a comunidade bacteriana do solo e a rede azoto mineralização. Pedobiologia, 50(3): 243-256. https://doi.org/10.1016/j.pedobi.2006.02.001

Priya P., SAHI S.V. (2009). Influência da nutrição de fósforo no crescimento e metabolismo da erva Duo (Duo festulolium). Fisiologia e Bioquímica Vegetal, 47 :31-36.

Radomski, M. W., Palmer, R. M., & Moncada, S. (1987). The anti-aggregating properties of vascular endothelium: interactions between prostacyclin and nitric oxide. British journal of pharmacology, 92(3), 639. https://doi.org/10.1111%2Fj.1476-5381.1987.tb11367.x

Raidal, S. R., & Jaensch, S. M. (2006). Envenenamento agudo de gaivotas prateadas (Larus novaehollandiae) após ureia fertilizante ureia. Avian patologia aviária, 35(1), 38-41. https://doi.org/10.1080/03079450500465718

Ramade, F. (1998). Dictionnaire encyclopédique des sciences de l'eau (n.º 631.4 R165d). Paris, FR: Ediscience, 1998.

Rastogi, R. P., Madamwar, D., & Incharoensakdi, A. (2015). Dinâmica de floração de cianobactérias e suas toxinas: impactos na saúde ambiental e estratégias de mitigação. Frontiers in microbiology, 6, 1254. https://doi.org/10.3389/fmicb.2015.01254

Rodriguez, M., & Zea, H. (2015). Avaliação de um processo de síntese para a produção de fertilizante líquido de nitrato de cálcio. *International Journal of ChemTech Research,* 7(4):1960-1965. http://sphinxsai.com/2015/ch_vol7_no4/5/(1960-1965)%20V7N4.pdf

Ropp, R. C. (2013). Capítulo 4 Compostos alcalino-terrosos do Grupo 15 (N, P, Sb e Bi). In:R.C. Ropp (Ed.), Elsevier, Amesterdão, Enciclopédia dos compostos alcalino-terrosos, 199-350.

Rouag, M., Berrouague, S., Djaber, N., Khaldi, T., Boumendjel, M., Taibi, F., ... e Messarah,

M. (2020). O óleo de sementes de abóbora alivia o stress oxidativo e os danos no fígado induzidos pelo nitrato de sódio em ratos adultos: abordagem bioquímica e histológica. Ciências da Saúde Africanas, 20(1), 413-425. https://doi.org/10.4314/ahs.v20i1.48

Saggar, S., Jha, N., Deslippe, J., Bolan, N. S., Luo, J., Giltrap, D. L., ... & Tillman, R. W. (2013). Desnitrificação e N2O: produção de N2 em pastagens temperadas: processos, medições, modelagem e mitigação de impactos negativos. Ciência do Ambiente Total, 465: 173-195.

Sanchez E., Muñoz E., Anchondo Á., Ruiz J.M., Romero L., (2009). Impacto do nitrogênio no estado nutricional do fósforo e seu principal bioindicador: resposta nas raízes e folhas de plantas de feijão verde. Revista Chapingo. Serie horticultura, 15(2): 177-182.

Sanginga, N., & Woomer, P. L. (Eds.). (2009). *Integrated soil fertility management in Africa: principles, practices, and developmental process*. CIAT.

Sato, A., Gonmori, K., & Yoshioka, N. (1999). Um caso de intoxicação fatal com sulfato de amónio e um estudo toxicológico com coelhos. Forensic science international, 101(2), 141- 149. https://doi.org/10.1016/S0379-0738(99)00014-6

Sauchelli, V. (1960). Chemistry and Techno/ogy of Ferlilizers. Reinhold Publishing Corporation. New York.

Schvartz, C., J. Decroux & J.C. Muller. Muller (2005). Guide de la fertilisation raisonnée: grandes cultures et prairies. Comité francês de estudo e desenvolvimento da fertilização raisonnée. Edições France Agricole, 2005. 414 p.

Sellers, R. S., Mortan, D., Michael, B., Roome, N., Johnson, J. K., Yano, B. L., ... & Schafer,

K. (2007). Documento de posição da Society of Toxicologic Pathology: recomendações sobre o peso dos órgãos para estudos de toxicologia estudos toxicológicos. Toxicologic patologia toxicológica, 35(5), 751-755. https://doi.org/10.1080/01926230701595300

Senesi, N. (1989). Compostagem de materiais como orgânicos fertilizantes orgânicos. *Ciência da do Total Environment*, *81*, 521-542. https://doi.org/10.1016/0048-9697(89)90161-7

Shah, F., & Wu, W. (2019). Estratégias de gestão do solo e das culturas para garantir uma maior produtividade das culturas em ambientes sustentáveis. Sustainability, 11(5), 1485. https://doi.org/10.3390/su11051485

Sharma, B., & Ahlert, R. C. (1977). Nitrificação e remoção de nitrogénio. Water Research, 11(10), 897-925. https://doi.org/10.1016/0043-1354(77)90078-1

Sharma, N., & Singhvi, R. (2017). Efeitos dos fertilizantes químicos e pesticidas na saúde humana e no ambiente: uma revisão. *Revista internacional de agricultura, ambiente e biotecnologia*, *10*(6), 675-680.

Sheahan, M., Barrett, C. B., & Goldvale, C. (2017). Saúde humana e utilização de pesticidas na África Subsariana. Agricultural Economics, 48(S1), 27-41. https://doi.org/10.1111/agec.12384

Sofilić, T. (2014). Ekotoksikologija. Universidade de Zagreb, Faculdade de Metalurgia, Sisak, Croácia,

pp. 24-25.

Steffen, W., Richardson, K., Rockström, J., Cornell, S. E., Fetzer, I., Bennett, E. M., ... & Sörlin, S. (2015). Planetary boundaries: Guiding human development on a changing planet. science, 347(6223), 1259855. https://doi.org/10.1126/science.1259855

Stevenson, F. J. (1986). The internal cycle of nitrogen of soil: carbon, nitrogen, phosphorus, sulphur, micronutrients. John Wiley & Sons, Inc, Nova Iorque, NY. 380 pp.

Strous, M., Kuenen, J. G., & Jetten, M. S. (1999). Fisiologia chave da oxidação anaeróbia do amónio. Aplicadae e ambiental microbiologia aplicada e ambiental, 65(7), 3248-3250. https://doi.org/10.1128/AEM.65.7.3248-3250.1999

Sullivan, B. W., Smith, W. K., Townsend, A. R., Nasto, M. K., Reed, S. C., Chazdon, R. L., & Cleveland, C. C. (2014). Estimativas espacialmente robustas da fixação biológica de nitrogênio (N) implicam em alteração humana substancial do ciclo tropical do N. Actas da Academia Nacional de Ciências, 111(22), 8101-8106.

Talboys, P. J., Heppell, J., Roose, T., Healey, J. R., Jones, D. L., & Withers, P. J. (2016). Struvite: um fertilizante de libertação lenta para a gestão sustentável do fósforo? Plant and soil, 401(1), 109-123. https://doi.org/10.1007/s11104-015 2747-3

Taliman, N. A., Dong, Q., Echigo, K., Raboy, V., & Saneoka, H. (2019). Efeito da fertilização com fósforo no crescimento, fotossíntese, fixação de nitrogênio, acúmulo de minerais, rendimento de sementes e qualidade de sementes de uma linha de soja com baixo teor de fitato. Plantas, 8(5), 119. https://doi.org/10.3390/plants8050119

Testud, F. (2004). Fertilizantes minerais. EMC-Toxicologie-Pathologie, 1(1), 21-28.

Testud, F. (2015). Fertilizantes minerais. EMC (Elsevier-Masson SAS, Paris), Pathologie Professionnelle et de l'Environnement, 10(3). https://.doi.org/10.1016/S1877-7856(15)62787-8

Tian, H., Yang, J., Xu, R., Lu, C., Canadell, J. G., Davidson, E. A., ... & Zhang, B. (2019). Emissões globais de óxido nitroso do solo desde a era pré-industrial estimadas por um conjunto de modelos da biosfera terrestre: Magnitude, atribuição e incerteza. Global change biology, 25(2), 640-659. https://doi.org/10.1111/gcb.14514

Tootian, Z., Monfared, A. L., Fazelipour, S., Shybani, M. T., Rouhollah, F., Sasani, F.& Molaemi, E. (2012). Alterações bioquímicas e estruturais do rim em ratos expostos ao fenol. Turkish Journal of Medical Sciences, 42(4), 695-703. https://doi.org/10.3906/sag-1012-1332.

Trenkel, ME.T. (2021). Fertilizantes de liberação lenta e controlada e estabilizados: uma opção para aumentar a eficiência do uso de nutrientes na agricultura. Associação Internacional da Indústria de Fertilizantes (IFA).

Valadares, R. V., Cantarutti, R. B., Mattiello, E. M., & Vieira, R. F. (2017). Eficácia agronômica do fosfato de rocha combinado com fontes de nitrogênio em aplicação pontual: Um experimento em vaso. Journal of Plant Nutrition and Soil Science, 180(5), 585-593. https://doi.org/10.1002/jpln.201600037

Vitousek, P. M., Naylor, R., Crews, T., David, M. B., Drinkwater, L. E., Holland, E., & Zhang,

F. S. (2009). Desequilíbrios de nutrientes no desenvolvimento agrícola. Science, 324(5934), 1519-1520. https://doi.org/10.1126/science.1170261

Volkmer, B. G., Ernst, B., Simon, J., Kuefer, R., Bartsch Jr, G., Bach, D., & Gschwend, J. E. (2005). Influence of nitrate levels in drinking water on urological malignancies: a community- based cohort study. BJU international, 95(7), 972-976. https://doi.org/10.1111/j.1464- 410X.2005.05450.x

Wagner, D. A., Schultz, D. S., Deen, W. M., Young, V. R., & Tannenbaum, S. R. (1983). Metabolic fate of an oral dose of 15 N-labeled nitrate in humans: effect of diet supplementation with ascorbic acid. Cancer research, 43(4), 1921-1925.

Wang, Y., Ying, H., Yin, Y., Zheng, H., & Cui, Z. (2019). Estimando a lixiviação de nitrato do solo de fertilizantes nitrogenados a partir de meta-análise global. Science of the Total Environment, 657, 96-102. https://doi.org/10.1016/j.scitotenv.2018.12.029

Wang, Z.; Hassan, M.U.; Nadeem, F.; Wu, L.; Zhang, F.; Li, X. (2020). A fertilização com magnésio melhora o rendimento da colheita na maioria dos sistemas de produção: uma meta-análise. *Frente. Plant Sci. 10*, 1727. https://doi.org/10.3389/fpls.2019.01727.

Weil, C. S., & McCollister, D. D. (1963). Avaliação da segurança de produtos químicos, relação entre estudos de alimentação a curto e a longo prazo na conceção de um teste de toxicidade eficaz. Journal of Agricultural and Food Chemistry, 11(6), 486-491.

Weissenberger, J., Duffourg, J. M., Hepner, S., & Morano, D. (2006, janeiro). Reduzindo odores de biossólidos com a ajuda de um sal de nitrato. Em Residuals and Biosolids Conference 2006 (pp. 109- 119). Water Environment Federation. https://doi.org/10.2175/193864706783797276.

OMS. (2006). Organização Nacional de Saúde. Nitrate and potential endogenous formation of N- nitroso combounds Food Additives Series: no 50 Who. Genebra, P1-9

24

www.addl.purdue.edu/newsletters/2002/fall/**Wrathall, C. (2002):** Nitrate toxicity, Indiana Animal Disease Diagnostic Laboratory https:// fall2002.pdf [6.2.2018].

Yadav, R. L., Dwivedi, B. S., Prasad, K., Tomar, O. K., Shurpali, N. J., & Pandey, P. S. (2000) Yield trends, and changes in soil organic-C and available NPK in a long-term rice-wheat system under integrated use of manures and fertilisers. Field Crops Research, 68(3), 219-246. https://doi.org/10.1016/S0378-4290(00)00126-X

Yeruham, I., Shlosberg, A., Hanji, V., Bellaiche, M., Marcus, M., & Liberboim, M. (1997). Nitrate toxicosis in beef and dairy cattle herds due to contamination of drinking water and whey. Veterinary and human toxicology, 39(5), 296-298.

Yousaf, M., Li, J., Lu, J., Ren, T., Cong, R., Fahad, S., & Li, X. (2017). Efeitos da fertilização na produção agrícola e na capacidade de fornecimento de nutrientes no sistema de rotação arroz-colza. Relatórios científicos, 7(1), 1270.https://doi.org/10.1038/s41598-017-01412-0

Yuniwati, E. D., Darmayanti, R., & Farooq, S. M. Y. (2023). Como o fertilizante orgânico é produzido e aplicado em plantas de pimentão e berinjela. AMCA Journal of Community Development, 3(2), 88-94. https://doi.org/10.51773/ajcd.v3i2.300

Zhong, Y., Yan, W., & Shangguan, Z. (2015). Impacto das adições de N a longo prazo no acoplamento entre a estrutura e a atividade da comunidade microbiana do solo e a eficiência da utilização de nutrientes. Biologia e Bioquímica do Solo, 91, 151-159. https://doi.org/10.1016/j.soilbio.2015.08.030

Zhou, J., Guan, D., Zhou, B., Zhao, B., Ma, M., Qin, J., ... & Li, J. (2015). Influência de 34 anos de fertilização em comunidades bacterianas em um solo preto intensamente cultivado no nordeste da China. Soil Biology and Biochemistry, 90, 42-51. https://doi.org/10.1016/j.soilbio.2015.07.005

MIX
Papier aus verantwortungsvollen Quellen
Paper from responsible sources
FSC® C105338

Printed by Books on Demand GmbH, Norderstedt / Germany